新型农民职业技能培训教材

人工草地建植员培训教程

宋志伟　陈继红　主编

中国农业科学技术出版社

图书在版编目（CIP）数据

人工草地建植员培训教程 / 宋志伟，陈继红主编．—北京：中国农业科学技术出版社，2012.7

ISBN 978-7-5116-0870-3

Ⅰ.①人…　Ⅱ.①宋…②陈…　Ⅲ.①草坪-观赏园艺-技术培训-教材　Ⅳ.①S688.4

中国版本图书馆CIP数据核字（2012）第069289号

责任编辑　贺可香
责任校对　贾晓红　范　潇

出 版 者　中国农业科学技术出版社
北京市中关村南大街12号　邮编：100081
电　　话　(010)82106638(编辑室)　(010)82109704(发行部)
(010)82109709(读者服务部)
传　　真　(010)82106624
网　　址　http://www.castp.cn
经 销 者　各地新华书店
印 刷 者　北京富泰印刷有限责任公司
开　　本　850mm×1 168mm　1/32
印　　张　5.5
字　　数　150千字
版　　次　2012年7月第1版　2012年7月第1次印刷
定　　价　16.50元

《人工草地建植员培训教程》

编委会

主　编　宋志伟　陈继红

副主编　何永光

编　者　米叶赛尔·托乎提

前　言

人工草地是现代化畜牧业生产体系中的一个关键组成部分，对于维持畜牧业生产持续、稳定、健康发展，保护生态环境，提高畜牧业生产水平具有重要作用。人工草地极易受自然因素和人为因素双重影响，干旱、风沙、盐碱、贫瘠等自然因素对人工草地构成直接威胁，而人类的实践活动和认识水平又直接关系到人工草地能否正常发挥作用。人工草地占整个草地面积的比例大小也是衡量一个国家草地畜牧业生产力水平高低的重要标志。我国目前，人工草地面积约占草地总面积的5%，数量和质量都有待于提高。退耕还草既是进行生态建设、恢复植被的需要，更是建设和扩大人工草地建设极好的机遇。

根据农业部等六部委办公厅《关于做好农村劳动力转移培训阳光工程实施工作的通知》精神，为进一步做好新型农民教育培训工作，组织相关院校、农业局等科技人员编写了《人工草地建植员培训教程》一书，作为各省人工草地建植员的培训教材。

本书主要介绍了人工草地建植员职业道德与岗位要求、草地的生产现状与趋势、人工草地栽培管理、常见人工牧草栽培与利用、人工牧草综合利用、牧草病虫害综合防治、牧草收获与加工等内容。鉴于我国地域广阔，生产条件差异大，因此，在编写过程中主要选择全国种植面积较大的牧草以及应用较多的新技术、新品种、新成果。各地在使用本教材时，应结合本地区生产实际进行适当选择和补充。

本书在编写过程中参考引用了许多文献资料，在此谨向其作者深表谢意。由于编者水平有限，书中难免存在疏漏和错误之处，敬请专家、同行和广大读者批评指正。

宋志伟

2012 年 2 月

目　录

第一章　人工草地建植员职业道德与岗位要求

一、人工草地建植员职业守则

人工草地建植员职业守则是从事人工草场设计和建设、土壤改良、栽培管理、牧草收获及加工处理等生产活动的人员的职业品德、职业纪律、职业责任、职业义务、专业技术胜任能力以及与同行、社会关系等方面的要求，是每一个从事人工草地建植员职业人员必须遵守和履行的。

（一）诚实守信，尽职尽责

1. 诚实守信

人工草地建植员必须以社会主义职业道德准则规范自己的行为，特别是在涉及牧业生产及畜产品质量安全，种子、化肥、农药的农资质量与使用安全等方面的问题时，应当坚持实事求是的作风，对群众做到信守诺言，履行应承担的责任、义务。

2. 尽职尽责

没有做不好的工作，只有对工作不负责的人。认真地工作，用心地工作，无论在哪一个岗位，始终保持一种责任意识。以指导农民、服务牧民、增加产量、改善品质、质量安全为工作核心，时刻为广大人民群众着想，一切以人民利益为重。工作中要尊重科学，严谨认真，耐心指导，亲历亲行，尊重群众，一视同仁。鉴于我国经济发展的不平衡，技术推广程度差异较大，因此对经济、文化欠发达的地区、应当给予更多的耐心和关注。

（二）遵纪守法，爱岗敬业

1. 遵纪守法

人工草地建植员的工作涉及《中华人民共和国草原法》《中华人民共和国环境保护法》《中华人民共和国劳动法》《中华人民共和国合同法》《中华人民共和国种子法》《中华人民共和国农产品质量安全法》《农药管理条例》等相关知识。因此，在工作中必须严格遵守国家政府部门的相关法律、法规和制度，并结合工作广泛宣传。

2. 爱岗敬业

人工草地建植员工作的环境与条件较差，但其工作关系着广大人民的畜产品质量安全，关系着广大人民的健康水平。要牢固地树立畜产品质量安全观念，不怕困难、不辞辛劳、千方百计以提高产品质量安全为己任，以指导牧民群众科学种草为职责。要深入到牧草生产第一线，开展科技惠民、指导牧民发展生产工作。要时刻牢记全心全意为人民服务的宗旨，在平凡的工作中，用周到的服务、热情的态度、亲切的话语、不厌其烦地解释，和新型牧民同吃、同住、同劳动，随时接受牧民朋友的咨询和开展技术指导，解决生产上所出现的技术难题。

（三）团结协作，求实奉献

1. 团结协作

人工草地建植员职业需要团队分工和合作，共同完成。因此在工作中应当尊重同事、同行及有关部门和单位的人员，工作中默契配合，相互帮助，取长补短；有困难互相鼓励，齐心协力，排忧解难，共渡难关，主动协调好各方关系，共同完成工作任务。平时工作中要主动与领导、专家、同事、有经验农民相互交流和切磋，实现双赢，提高业务水平。要正确地看待和处理有关名利问题，不得诋毁同事，不得损害同事及协作单位和人员的利益。

2. 求实奉献

人工草地建植员必须以社会主义职业道德准则规范自己的行

为，应当坚持实事求是的作风，严格按照规程操作，做到用药用肥正确、剂量准确、操作规范、使用安全。对群众做到信守诺言，履行应承担的责任、义务。工作中要尽职尽责，充分应用所掌握的知识和技术为牧民群众、单位或企业做出自己的贡献；全心全意地用自己的智慧与技能，精益求精地完成每一项工作；要通过专业化、人性化、标准化的工作，自我提升，尽善尽美。

（四）艰苦奋斗，刻苦钻研

1. 艰苦奋斗

人工草地建植员是一份工作条件艰苦、工作环境较差、工作任务繁重的职业。因此在工作中，要培养吃苦耐劳、踏实苦干的工作精神，努力争当会做人、会做事、爱学习、能吃苦，与企业共荣辱，与牧民同吃苦的好职工。

2. 刻苦钻研

应勤奋好学、刻苦钻研、不断进取，努力提高有关专业知识和技术水平。首先要系统地学习土壤肥料、农业气象、牧草栽培、牧草病虫草害防治、牧草收获与加工、农业机械等专业知识，提高专业知识水平；其次在实际工作中，要勤思、善想、多问，及时总结和积累经验，吸取别人的经验和教训，举一反三，用以指导自己的工作，减少或避免工作中的失误。工作中要尽职尽责，充分应用所掌握的知识和技术为牧民群众和单位或企业作出自己的贡献；全心全意用自己的智慧与技能，精益求精地完成每一项工作；要通过专业化、人性化、标准化的工作，自我提升，尽善尽美。

二、人工草地建植员岗位要求

（一）人工草地建植员基础知识要求

人工草地建植员基础知识要求见表 1－1。

表 1－1　人工草地建植员基础知识要求

基础知识	基本知识要求
专业知识	牧草种子识别和贮藏知识，土壤耕作知识，牧草及饲料作物的栽培知识，农药、化肥使用知识，牧草田间管理知识，牧草收获及加工知识，专用机械使用知识，农业技术推广知识
安全知识	安全使用农药知识，安全使用机械知识，安全使用肥料知识；工伤急救知识
相关法律、法规知识	草原法，环境保护法，种子法，植物新品种保护条例，产品质量法，经济合同法等相关的法律法规，国家和行业草地环境、产品质量标准，以及生产技术规程

（二）人工草地建植员基本技能要求

1. 初级人工草地建植员

初级人工草地建植员基本技能要求见表 1－2。

表 1－2　初级人工草地建植员基本技能要求

职业功能	工作内容	技能要求	相关知识
人工草地栽培管理	土壤耕作	能使用耕作机具进行耕地、耙地、耱地和镇压；能使用机具开沟划区；能进行土壤消毒	耕作机具使用知识；土壤消毒知识
	种子处理	能识别常见牧草种子；能进行种子消毒；能进行浸种处理	种子消毒、浸种知识
	播种技术	能进行牧草的人工播种；能使用机具进行播种；能进行牧草混播	播种机的使用知识
	水肥管理	能对牧草进行施肥、灌溉作业	施肥知识；农田灌溉知识
	用药技术	能鉴别和清除杂草；能进行牧草喷药作业	常见杂草识别知识；农药知识
人工牧草栽培与利用	豆科牧草	常见豆科牧草的识别；豆科牧草的栽培管理	豆科牧草的生物学特性；牧草栽培知识
	禾本科牧草	常见禾本科牧草的识别；禾本科牧草的栽培管理	禾本科牧草的生物学特性；牧草栽培知识
	其他牧草	其他牧草的识别；其他牧草的栽培管理	其他牧草的生物学特性；牧草栽培知识

（续表）

职业功能	工作内容	技能要求	相关知识
人工牧草综合利用	生产计划制定	能编制牧草生产计划	饲草供应、需求计划知识
	草地放牧利用	能根据草地状况合理放牧	草地放牧制度知识
	草地饲用利用	人工牧草饲用技术	青饲料利用知识
人工牧草收获与加工	牧草收割	能进行人工或机械收割牧草；能测定牧草的鲜草产量	牧草收割机械使用知识；牧草产量测定知识
	牧草调制与加工	能使用机具晾晒、堆垛收割的牧草；能使用机具切碎、混合青贮原料	牧草青贮知识
	牧草种子收获	能使用机具或人工收割、脱粒牧草种子	牧草种子收获知识

2. 中级人工草地建植员

中级人工草地建植员基本技能要求见表1－3。

表1－3　中级人工草地建植员基本技能要求

职业功能	工作内容	技能要求	相关知识
人工草地栽培管理	土壤耕作	土壤培肥管理；土壤改良利用；土壤测定	土壤理化特性知识；土壤改良知识；土壤分析知识
	种子处理	能选择种子消毒方法；能按说明配制消毒液；处理休眠种子	消毒药液选择与配制知识；打破种子休眠的方法
	播种技术	能确定牧草的播种深度；能确定牧草播种量	播种量的计算方法；牧草种子特性
	水肥管理	能对牧草进行测土施肥、先进灌溉作业；能判断牧草缺肥症状	施肥知识；农田灌溉知识
	用药技术	能识别主要病虫害；能配制农药；能确定清除杂草时间	牧草病虫害防治基本知识
人工牧草栽培与利用	豆科牧草	豆科牧草的合理利用	豆科牧草栽培知识
	禾本科牧草	禾本科牧草的合理利用	禾本科牧草栽培知识
	其他牧草	其他牧草的合理利用	其他牧草栽培知识

（续表）

职业功能	工作内容	技能要求	相关知识
人工牧草综合利用	草地放牧利用	能根据草地状况合理放牧	草地放牧制度知识
	草地饲用利用	人工牧草饲用技术	青饲料利用知识
人工牧草收获与加工	牧草收割	能确定牧草收获期；能确定牧草收获次数	牧草生长发育基本知识
	牧草调制与加工	能使用机械加工草捆、草粉、草块和草颗粒；能用青贮窖或袋制作青贮料	草产品加工机械的使用知识；干草调制方法
	牧草种子收获与加工	能确定牧草种子收获期；能使用机械清选牧草种子	牧草种子收获机械的使用知识

第二章　草地生产现状与趋势

一、我国草地资源概况

（一）我国草地资源现状

1. 草地面积与分布

我国有天然草地面积33 099.55万公顷（为可利用草地面积，下同）少于澳大利亚（澳大利亚为43 713.6万公顷），比美国大（美国为24 146.7万公顷），为世界第二草地大国。

天然草地在全国各地均有分布，从行政省（自治区、市）来看，西藏自治区草地面积最大，全区有7 084.68万公顷，占全国草地面积的21.40%；依次是内蒙古自治区、新疆维吾尔自治区、青海省，以上四省、自治区草地面积之和占全国草地面积的64.65%。草地面积达1 000万公顷以上的省还有四川省、甘肃省、云南省；其他各省（自治区、市）草地面积均在1 000万公顷以下；又以海南、江苏、北京、天津、上海五省（市）草地面积较小，均在100万公顷以下。

我国人工草地不多，据1997年统计，全国累计种草保留面积1 547.49万公顷，这其中包括人工种草、改良天然草地、飞机补播牧草三项。如果将后两项看作半人工草地，即我国人工和半人工草地面积之和也仅占全国天然草地面积的4.68%。各地人工种植和飞播的主要牧草有苜蓿、沙打旺、老芒麦、披碱草、草木樨、羊草、黑麦草、象草、鸡脚草、聚合草、无芒雀麦、苇状羊茅、白三叶、红三叶，以及小灌木柠条、木地肤、沙拐枣等。在粮草轮作中种植的饲草饲料作物有玉米、高粱、燕麦、大麦、蚕豆及饲用甜菜和南瓜等。由于人工草地的牧草品质较好，产草量比天然草地可提高3～5倍或更高，因而在保障家畜饲草供给和畜牧业生产稳定发展中起着重要的作用。

2. 天然草地类型组成

我国国土面积辽阔、海拔高差悬殊、气候千差万别，形成了多种的草地类型，全国首次统一草地资源调查将全国天然草地划分为18个草地类，824个草地型。在组成全国各类草地中，高寒草甸类草地面积最大，全国有5 883.42万公顷，占全国草地面积的17.77%。这类草地集中分布在我国西南部青藏高原及外缘区域。依次是温性草原类草地、高寒草原类草地、温性荒漠类草地。这三类草地各自占全国草地面积10%左右，以上4类草地面积之和可占到全国草地面积的一半，且主要分布在我国北方和西部。下列5类草地面积较小，分别是高寒草甸草原类、高寒荒漠类、暖性草丛类、干热稀树灌草丛类和沼泽类草地，它们各自面积占全国草地面积均不超过2%。其余各类草地面积占全国草地面积为2%～7%，居于中等。

（二）我国草地资源分布

根据草地类型分布的地域分异，结合自然和经济因素，初步将中国草地分为五大草地区。

1. 东北草甸草原、草甸区

本区包括黑龙江、吉林、辽宁三省与内蒙古东部的呼伦贝尔、兴安、哲里木三盟和赤峰市，是我国草地的东界。其三面环山，南面临海，东部有长白山，西部及北部以大、小兴安岭与内蒙古高原为界，中间包括侵蚀和冲积相互构成的广大平原。为大陆性气候与海洋性气候交错地区。全年降水量为400～750毫米，由东向西逐渐减少，年平均气候2.7～5.3℃，雨热同季，形成植物生长的良好环境。草地类型多样，生长茂盛。土壤由东向西为山地暗棕壤、黑钙土、栗钙土。本区天然草地面积达4 115.8万公顷，其中，可利用面积3 497.2万公顷。

东北草地区丰富的水热资源和复杂而独特的地形条件，形成了多样化的草地类型，主要有：羊草草原、贝加尔针茅草原和线叶菊草原。本区水分充足，土壤肥沃，牧草产量较高，饲用价值高。羊草草原平均产干草 1 000 ~ 2 000千克/公顷，其中，可食草在80%以上。禾本科和菊科牧草占主要成分，而且根茎型禾草占优势。草地地势平坦，一望无际，与美洲东部草原有一定的近似性（图2－1）。

图2－1　呼伦贝尔草原

2. 蒙宁甘草原、荒漠草原区

本区包括内蒙古自治区（以下简称内蒙古）中部、河北北部、山西西北部、陕西北部、宁夏、甘肃东北部及青海东部等7省区。以大兴安岭和阴山山脉连接而成的隆起带将本区分为南北两大部分，北部为内蒙古高原，南部为鄂尔多斯高原与黄土高原。土壤主要有栗钙土、棕钙土、灰钙土、黑垆土、黄绵土、褐土等。由于半干旱、干旱气候的影响，促成了草原和荒漠植被的广泛发育，是我国最大的草原区之一，也是主要的畜牧业基地。本区有天然草地5 056.1万公顷，占全国草地面积的12.8%，其中可利用草地面积为4 372.7万公顷（图2－2）。

图2－2　内蒙古高原草原

本区面积广阔，生产力差异显著，东部产草量高，割草场较丰富；西部产草量低，贮备冬草困难，限制了家畜的自然分布，丰、歉年产草量变化很大，畜牧业生产不稳定。冬、春草场常感不足，且自东向西逐渐加剧，合理利用，科学管理草场是当前畜牧业发展的重要基本措施。

3. 新疆维吾尔自治区（以下简称新疆）荒漠、山地草原区

本区位于我国西北部，东起阿拉善高原，沿黄土高原西北部，穿河西走廊，经柴达木盆地东南边缘，向西经阿尔金山直至昆仑山，包括内蒙古阿拉善盟、甘肃的武威、张掖、酒泉、白银、金昌、嘉峪关及青海的都兰、乌兰、格尔木、大柴旦和新疆

全部等4省区。气候总特点是夏热冬冷，秋雨集中，雨热同季，干旱多风。土壤自东向西有棕钙土、灰钙土、灰棕壤土以及广泛分布的风沙土。由于地形、气候、土壤基质条件不同，形成了荒漠、山地草原植被。本区天然草地面积达9 065.0万公顷，占全国草地面积的23.1%，草地面积仅次于青藏高寒区居全国第二位，可利用草地面积为7 175.1万公顷（图2－3）。

图2－3　新疆山地草原

荒漠类草地是本区的主体，主要分布在阿拉善高平原及新疆的盆地。其次是低湿草甸类草地，主要分布于柴达木盆地，新疆两个盆地的周边地带及河西走廊沿河地段的低洼处。山地草原类草地在新疆南部的昆仑山，中间的天山及北部的阿尔泰山，东部祁连山等山脉有充分的发育。随地势升高，温度降低，降水量增加，山地草甸类草地在北疆的大山中有良好的发育。

本区草地面积较广阔，由于地形的变化而形成草地类型的多样性，反映在草地利用上，有明显的季节性规律。家畜的组成也随草地类型而有明显的不同。

4. 青藏高原高寒草甸和高寒草原区

本区南至喜马拉雅山山脉，东到横断山山脉与云贵高原相接，北起昆仑山脉，西界帕米尔高原。包括西藏自治区（以下简称西藏），青海（除海西自治州和西宁市），甘肃的甘南自治州，四川的甘孜、阿坝自治州，云南的怒江、迪庆自治州及丽江地区 5 个省区。它是世界上特有的高寒草地分布区，也是我国高寒草地资源集中分布区。全区地势高，地形复杂，平均海拔约为 4 000米，被誉为“世界屋脊”（图 2－4）。

图 2－4　西藏那曲草原

本区土壤以草毡土、寒钙土为主体，土层薄，质地轻，有机质含量高，但可给态养分含量低。本区天然草地资源非常丰富，面积达 12 834.9万公顷，其中，可利用面积 11 187.5万公顷，是我国天然草地分布面积最大的一个区，约占全国草地面积的1/3。草地类型多样，除干热稀树灌草丛类以外，其他各类均有分布。

各类草地中以高寒草甸类和高寒草原面积较大，分别占全区草地面积的45.4%和29.1%，二者合计占74.5%，其次是高寒草甸草原、高寒荒漠草原、高寒荒漠类和山地草甸类草地，分别占4.4%、6.8%、4.6%和5.5%。

青藏高原是我国重要的高寒草地区，亦是我国藏草和牦牛主要生产基地。

5. 南方山丘灌草丛草地区

我国南方草山草坡，主要包括秦岭、淮河以南的亚热带和热带地区的山地。本区地形复杂，山地、丘陵、台地、盆地、平原交错分布，河流纵横，湖塘星罗棋布。气候温暖湿润，属亚热带、热带气候。南方草地区其土壤从南至北有砖红壤、赤红壤、红壤、黄壤、黄棕攘，土壤多呈微碱性和酸性，缺磷，土层较瘠薄，土壤肥力较低，腐殖质含量、土层厚度由南向北增加。

本区由于森林长期遭到破坏，土地反复地农垦与弃耕，尤其是连年的火烧，地面严重侵蚀，使森林植被不能恢复，多年生草本和灌木组成的草地，覆盖较大的面积，发育成大面积的草山草坡。本区天然草地面积为6 822.8万公顷，可利用草地面积为5 599.1万公顷。

二、我国草地资源发展趋势

（一）我国草地资源发展的社会需求

1. 食物安全需求

目前我国有耕地面积18亿亩（1公顷=15亩，余同），人均耕地不足1.5亩，人均粮食产量400千克左右，耕地以每年40万~47万公顷的速度减少，2010年到2030年为中国人口的高峰时期，可达16亿人口，按现有人均粮食计，需6 400亿千克粮食，据测算到2030年我国耕地面积将减少1 000万公顷，人均耕地面积仅为0.8亩，单靠有限的耕地满足16亿人口的食物需求有很大困难。再加上我国现在的畜牧业产业结构属耗粮型畜牧业，猪肉占总肉类的70%，用于饲料粮食消耗已达粮食总产量的30%以上，预计21世纪初我国每年需2.55亿吨的饲料粮，饲料粮供应将出现很大的缺口。草地作为可更新自然资源具有很大的生产潜力，现在我国草地的生产力很低，其产值仅相当于澳大利亚的1/10，美国的1/20，荷兰的1/50。增加技术投入力度，改善我国草地的生产和生态环境，使草地资源得到合理利用，将大幅度地提高我国草地畜牧业的生产力，对21世纪解决我国食物安全问题将起到非常重要的作用，也是缓解我国因水资源不足，耕地不足造成粮食紧缺，增强我国农业可持续发展后劲的主要措施。

草地畜牧业发达国家的经验是人工草地面积占天然草地面积的10%，畜牧业生产力比完全依靠天然草地增加1倍以上。目前，美国的人工草地占天然草地的15%，俄罗斯占10%，荷兰、丹麦、英国、德国、新西兰等国占60%~70%，而我国人工草地面积仅为天然草地面积的2%。据估算，我国牧区需建2 000万~3 500万公顷的人工草地，才能满足冬春家畜和育肥家畜对草料的需求，我国北方牧区约有2 000万公顷土地适宜人工种植牧草，建立人工草地和饲料基地。根据两院院士近年的考察论证，南方草地是我国亟待开发的后备食物资源，宜于近期开发利用的草地有1 200万公顷，科学合理地开发利用，相当于一个新西兰的生产规模，年产牛羊肉可达300万吨以上，约等于2 400万吨粮食。另外，在北方近期开发潜力较大的还有农牧交错带，即年降水量400毫米左右，呈带状分布的森林草原带，包括11个省的150多个县，总面积约为5 000万公顷，如将其中的2 000万公顷建成高产人工草地和饲料基地，将形成120万吨牛羊肉生产能力，等于生产960万吨粮食。在农区，完全实行种植业的“三元”结构后，估计饲料作物的种植面积可达1 200万公顷，相当于增产饲料粮4 000万吨。

目前，我国正在进行农业产业结构的调整，加快畜牧业的发展速度，加大草食动物的比例，增加饲料作物和牧草的种植面积，实现种植业的“三元”结构，均离不开草业，草业在我国农业产业结构的调整中将扮演重要的角色。

2. 生态环境治理需求

我国草原地处大陆沙漠的外围，除作为草地畜牧业生产的基地外，还是我国大江、大河的源头，也是我国东部经济发达地区非常重要的天然屏障，近几十年因开垦草地、过度放牧，造成草地退化，植被稀疏，草地蓄水能力变差，水土流失加重，黄河、长江的泥沙携带量猛增，泥沙淤积抬高河床，泄洪能力下降，严重威胁着沿岸人民的生命安全。1998 年长江流域的特大洪灾，1993 年、1994 年、1998 年的特大沙尘暴，均与草地植被的破坏有直接关系，造成了重大的人员伤亡和经济损失。草原地区环境条件恶化已危及华北平原和东北平原，使北京及这一区域的大中城市的环境质量受到严重的影响。1998 年制定的《全国生态环境建设规划》中明确指出“大力开展植树种草，治理水土流失，防治荒漠化，建设生态农业，经过一代一代人的长期地、持续地奋斗，建设祖国秀美山川，是把我国现代化建设事业全面推向 21 世纪的重大战略部署”。草在生态治理中，将显示出巨大的作用。《全国生态环境建设规划》的近期目标为新建人工草地、改良草地 5 000万公顷，治理“三化”草地 3 300万公顷。任务非常艰巨，但对改善我国生产、生态环境，对农业乃至整个国民经济的可持续发展具有重要的战略意义。

（二）我国草地资源发展的市场需求

1. 牛羊肉的需求

国际上畜牧业生产发达国家，都把发展草食家畜作为国策来抓，牛羊肉在肉类中的比重达 50%，甚至高达 90%。我国牛羊肉在肉类中的比重与畜牧业发达国家相比差距还很大，近几年猪肉和禽产品市场不稳定，需求下降明显，但牛羊肉的需求量一直在上升，随着人民物质生活的不断提高，对于牛羊肉的需求量还将增加。我国草地畜牧业将具有更广阔的前景。

2. 草产品的需求

国际市场对紫花苜蓿产品的需求量主要集中在亚洲，日本、南韩和东南亚地区每年均需求300万吨紫花苜蓿干草产品，其中日本每年从美国和加拿大进口优质苜蓿产品100多万吨，到岸价为200~250美元/吨。我国苜蓿产品进入国际市场具有明显的地理上的优势。我国年产的5 000万~6 000万吨饲料中，如果添加5%的优质豆科牧草草粉，每年需要优质豆牧草草粉250万~300万吨。此外，我国1.4亿头牛和3亿只羊也需要大量越冬饲草。无论是国际市场，还是国内市场，对草产品的需求量都很大，并随着饲料工业的发展和草地畜牧业的发展市场需求还将扩大。

3. 机械、肥料、农药的需求

随着草业的发展，牧草种植、收获、加工的机械，草坪种植、管理机械，草籽收获、加工、清选机械的需求量将增加。高产人工草地、牧草种子田和草坪等不同用途的肥料的需求量也将增加。牧草和草坪草防病除虫的农药需求量也将有大幅度的增加。草业的发展将拉动其他相关行业的发展，创造更多的劳动就业机会。

第三章　人工草地栽培管理

一、土壤耕作技术

土壤耕作是指在作物生产的整个过程中，通过农机具的物理机械作用，调节土壤耕作层和表层状况，使土壤水分、空气和养分的关系得到改善，为作物播种出苗和生产发育提供适宜的土壤环境的农业技术措施。根据耕作对土壤作用的性质和范围，可将耕作分为两类，即基本耕作和表土耕作。

（一）基本耕作

基本耕作通常称耕地，是指影响土壤全耕作层的措施，其方式有 3 种。

1. 深耕翻

深耕翻又叫犁地或翻地，用有壁犁进行，具有翻土、松土、碎土作用。深耕翻牵涉到整个耕作层的翻转，只有在前茬作物收获后及后作物播种前田间没有作物生长这段时期才能进行。

深耕的方法有多种，需要根据土壤状况进行选择。一是全耕层翻转深耕法，适用于下层有机质多、结构好的土壤，翻耕后底层已分解的有机质养分可翻到上层来，供作物利用。二是上翻下松耕法，适用于底层肥力低、熟化程度差的土壤，如灰化土、盐碱土区。三是分层深翻耕法，在机耕和人翻的条件下，北方旱地先行深耕，随后浅耕，有利于蓄水和翻晒土壤。

耕翻深度因地因时因牧草种类而异。雨季耕翻可深些，旱时宜浅；黑土层厚、黏重土壤、盐碱土可深些，沙土地宜浅耕；种植牧草、谷子等作物宜浅些，栽培玉米、大豆等宜深些。生产中一般耕翻深度为16~20厘米，较深的可达20~25厘米，最深不宜超过50厘米，否则徒劳而且有害。耕翻土壤，后效持续期长，一般认为可维持2~4年。

2. 深松耕

深松耕是用深松铲、深松犁等机具进行深层松土，创造纵向虚实并存，固、液、气“三相”比例合理，水、肥、气、热“四性”俱佳的耕层结构，是一种先进的耕作方法。深松耕可全面深松或局部深松。全面深松后，耕层呈比较均匀的疏松状，此法可改造耕层较浅的黏质硬土，但所需动力较大。局部松土，松后地面呈疏松带与未松的坚实带相间的状态。其疏松带有利于降雨的迅速下渗，土壤的通气好、利于好气微生物的活动，可促使土壤肥料有效化；紧实带的存在可阻止渗入耕层的水分沿犁底层继续下渗，故可保蓄水分，防旱防涝。

3. 旋耕

旋耕是用旋耕机进行的耕地、整地相结合的田间作业方式。旋耕机犁刀在旋转过程中，将上层10~15厘米的土壤切碎、混合，并向后抛掷，作用是松土、碎土和平土，相当于犁、耙、平3项作业一次完成。

旋耕的碎土能力很强，并使土壤高度松软，地面比较平整。但在临播种前旋耕，深度不能超过播种深度，否则，因土壤过松，不能保证播种质量，不利出苗。旋耕对防除杂草、破除板结有较好作用，可用来进行中耕作物的苗期中耕。

（二）表土耕作

1. 浅耕灭茬

即前茬作物收获后，在翻耕之前，用圆盘灭茬器或圆盘耙等机具在茬地上进行的田间作业。在耙的重力作用下，耙片切入土壤，切断草根和作物残茬，并使切碎的土块沿耙片凹面微略上升，然后翻落，具有一定的翻土和覆盖作用。浅耕灭茬的深度一般以5~10厘米为宜。

2. 耙地

翻耕后的田面土块常较大而不平整，还留有根茎性杂草，需用圆盘耙破碎土块，平整地面，耙除杂草，蓄水保墒。耙地还有其他多种应用，如多年生牧草地在早春或刈割后耙地，可消灭杂草，改善土壤水肥气热状况，有利于牧草返青和生长；灌溉或降雨之后耙地可破除板结，通气保墒；播种后出苗前，用钉齿耙耙地，可破除板结，利于幼苗出土。

耙地作业有顺耙、横耙和斜耙 3 种基本方法：顺耙工作阻力小，切土、碎土和平土效果较差；横耙效果比顺耙好，但工作阻力大；斜耙或称对角线耙，有横耙和顺耙的优点，是一种较好的耙地方法。生产实践中，耙地有时需要几种方法结合进行多次作业。翻后第一遍用顺耙，播种前可采用横耙或对角线耙。牧草地顺耙易伤苗，应采用横耙或对角线耙法。

3. 耱地

耱地又称耢地，一般在翻耕、耙地之后进行，兼有平地、碎土及轻度镇压的作用。耱地的工具是用柳条、荆条或树枝等编成。生产上，有时将其系于畜力耙后，耙耱结合 1 次完成作业。影响深度在土层 5 厘米以内，可为播种创造良好的土壤条件。

4. 镇压

利用镇压器、石磙等工具压碎土块、压实地表的整地作业，称为镇压。镇压影响土壤的深度，轻则 3 ~ 4 厘米，重则 7 ~ 10 厘米。翻耕耙耱后镇压，可使上层土壤变得紧实，改善土壤孔隙状况，减少土壤水分蒸发，为适时播种、顺利出苗创造良好的条件。某些牧草或谷物等小粒种子播种后随时镇压，可使种子与土壤紧密接触，便于种子发芽后及时吸收水分和养分，利于出苗和保苗。

5. 开沟、做畦和起垄

开沟是灌溉地区保证灌溉、多雨低湿地区及时排水的必要措施。开沟可用开沟器或铧式开沟犁进行，要求沟直、沟与沟之间距离适宜。做畦是在平整后的土地上做田埂，将田块分隔成长方形的畦田，便于灌溉和管理。垄作是将土壤整成垄形，作物生长在一条条的高垄上。起垄可增厚耕作层，利于排灌，增加土壤通气性及提高土温。北方旱地起垄后覆盖薄膜有利于提高地温、保持土壤水分和消灭杂草。

6. 中耕

一般指作物生长期间进行松土、除草、培土及间苗等的作业，目的是疏松表层土壤，蓄水保墒，消灭杂草，以利作物茂盛生长，丰产丰收。中耕工具有人工的手锄、板锄、畜力中耕机、机引中耕机等。

二、种子处理技术

作种用的饲草种子，要求品质纯净、发芽率高、发芽势好，因而播种前必须进行种子处理。如精选、去杂、浸种、消毒等。对牧草种子还应进行硬实处理、根瘤菌接种和去壳去芒。

（一）选种与晒种

1. 选种

目的是清除杂质、不饱满的种子和杂草种子，获得籽粒饱满、纯净度高的种子。可采用机械风选、人工筛选或水溶液选。风选可通过风扬将比重较轻的杂物通过风力吹走；筛选可选出体积较大的秸秆以及比重大的石砾和其他杂物；水溶液选可将比重轻于种子的杂物以及瘪粒清除。

2. 晒种

将种子摊开放在阳光下暴晒3～4天，每日翻动3～4次，可以促进种子后熟，打破禾本科种子的休眠，提高发芽率。

（二）种子处理

1. 去芒处理

有些禾本科牧草的种子带壳或芒，影响种子的发芽率和播种均匀度，需要去壳、去芒以利播种和萌发。去芒可以用去芒机进行，也可以用石碾掺粗沙碾去壳或芒。

2. 硬实处理

有许多豆科牧草种子由于种皮不透水而不能吸胀和发芽，称为硬实。播种前需要对硬实种子进行处理。主要处理方法如下。

（1）擦破种皮　播种前用石碾碾压或用碾米机处理种子，也可以将种子放入搅拌振荡器中拌粗沙搅拌振荡擦伤种皮，增加其透水性。

（2）变温浸种　通常是将硬实种子放入 40～60℃ 温水中浸泡 24 小时后捞出，白天放于阳光下暴晒，夜间移至凉爽处，并经常浇一些水保持湿润，经 2～3 天后种皮开裂并略有吸胀即可趁墒播种。

（3）加酸处理　在种子中加入 3%～5% 的稀硫酸或稀盐酸，搅拌均匀，待种皮出现裂纹时再将种子放入流水中清洗干净，略加晾晒即可播种。

3. 浸种处理

浸种是在播种前让种子吸足水分、加速种皮软化、促进代谢过程的一种方法。但浸种是有条件的。凡土壤潮湿或有灌溉条件的，可以浸种，否则不可浸种。浸种方法是：豆科牧草种子 5 千克加温水 7.5～10 千克，浸泡 12～16 小时；禾本科饲草种子 5 千克加温水 5～7.5 千克，浸泡 1～2 天。浸泡后置阴凉处，隔数小时翻动 1 次，2 天后即可播种。

（三）种子消毒

种子消毒是预防病虫害的一种有效措施，常见的方法如下。

1. 盐水淘洗

可用 10% 食盐水淘洗苜蓿种子，防治麦角病；用 20% 的磷酸钙溶液淘洗苜蓿种子可防治苜蓿子蜂。

2. 药粉拌种

即播种前用粉剂药物与种子拌种，拌后随即播种。如用西力生和赛力散拌种（按种子质量的0.2%～0.3%）或谷仁乐生（西力生和赛力散药量的1/4）防治黑穗病、条纹病，菲醌（按种子质量的0.3%～0.5%）防治黑粉病、轮纹病和花霉病。

3. 药物浸种

石灰水、福尔马林溶液是常用的浸种药物。对于豆科牧草的叶斑病、禾草的根瘤病、赤霉病、秆黑穗病等可用1%的石灰水浸种；对于苜蓿的轮纹病可用50倍的福尔马林液或1 000倍的井冈霉素抗生素浸种。浸种药剂必须随用随配。

4. 温汤浸种

温汤浸种是将待播的种子，先用清水浸泡4～6小时，然后用54～55℃的温水浸种5～10分钟，即可达到杀死附在种子表面和潜伏在内部的病菌。

5. 冷浸日晒法

冷浸日晒法是先将种子在冷水中浸泡5小时，然后在强烈的阳光下暴晒，即可把病菌杀死。

三、牧草播种技术

牧草种子发芽必须具备一定条件，就是充足的水分、适宜的温度、足够的氧气和必要的光照。为了获得较高的牧草产量，除了选择适宜的播种期和确定适宜的播种量外，还必有适宜的播种方法。

（一）播种期

一般根据当地气候条件、土壤水分状况和牧草的特性来决定的。冬性或冷季型多年生或越年生牧草，如冰草、无芒雀麦、黑麦草、苜蓿、白三叶、红三叶、毛野豌豆等适宜秋播。春性或暖季型多年生或一年生牧草，如狗尾草、狗牙根、大翼豆、圭亚那柱花草、苏丹草、箭筈豌豆等适宜春播。

（二）播种深度

牧草种子细小，顶土能力弱，播种宜浅不宜深，一般为1～2厘米，大粒种子可深至3～4厘米。土壤黏重、含水量高宜浅，土壤沙性、含水少宜深；土壤墒情较差宜深，土壤墒情较好时宜浅。开沟深度以见湿土为原则。

（三）播种量

播种量的多少可决定单位面积内饲草的植株个体数量。播种量随饲草的种类、利用目的、种子大小、土壤肥力、水分状况、播种期的早晚以及播种时气候条件而有变化。分蘖力弱、整地质量差，土壤水分不足，春季干旱，种子粒大，用作饲草而非采种田，种子净度差，发芽率低，种子用价低等，播种量要加大，反之播种量可以减少。

牧草的种子用价是由种子净度和发芽率决定的，即：

种子用价＝净度（%）×发芽率（%）

实际播种量可按下式计算：

实际播种量（千克/亩）＝每亩播种量（千克/亩）/种子用价

（四）播种方式

播种方式包括撒播、条播、穴播、混播及育苗栽培等。

1. 撒播

就是用撒播机或人工把种子撒到地表后再用覆土盖好的方法。适宜于大规模牧草播种，如苜蓿、黑麦草、沙打旺、草木樨等。大面积可采用飞机播种。这种方式的优点是省工、省力、速度快，缺点是播种不匀，出苗不整齐，植株之间距离无规律，不易管理。

2. 条播

就是用条播机或开沟器将种子按一定行距撒成条带状。条播因幼苗集中在行内生长利于与杂草竞争，且易于田间管理，如中耕除草、施肥、浇水、灭虫等。条播行距一般为15～30厘米，甚至可达1米以上。行距主要依据饲草的种类和栽培目的确定。

通常植株高大的牧草行距要宽，植株矮小的要窄；收籽为目的的要宽，收草为目的的要窄。

3. 穴播

也称为点播。对某些大粒中耕作物如苏丹草、墨西哥玉米等，多采用这种方式。天然的牧场人工补种也可采用，可深挖浅盖，形成小环境，以利牧草出苗，而且不破坏原有植被，防止翻土后引起的次生盐碱化和水土流失。

4. 混播

两种（品种）或两种以上的牧草同时在同一块土地上混合播种的种植方式称为混播。混播多用于人工草地的建设，尤其是放牧地，也常用于建植草坪。植株高大的牧草通常不采用这种方式。

5. 育苗移栽

采用温床或露地播种育苗，一定时间后将小苗移植到大田中的一种栽培方法。此法可调节作物茬口，延长生育期，便于苗期管理，并可节约种子用量。

四、牧草混播技术

牧草混播，发挥牧草间的互补效应，可提高产量，改善品质，有利于加工调制，也有利于提高土壤肥力，减轻牧草病虫害和杂草的为害。

（一）选择适宜的混播牧草组合

在选择混播牧草时，都应选择最适合当地土壤、气候条件的牧草品种，并根据利用目的和利用年限，选择2～3种或4～5种牧草组合混播。一般来说，混播牧草多由禾本科牧草和豆科牧草两大类组成。在大田轮作中为了恢复土壤肥力和生产饲草，混播牧草通常利用2～3年，多用上繁疏松型禾本科和豆科牧草。如苇状羊茅和紫花苜蓿；在饲料轮作中以刈割饲草为主，利用期为

4～7 年，多采用再生性较强的上繁疏松型禾本科牧草和豆科牧草混播，如披碱草、老芒草、黑麦草、蒙古冰草和紫花苜蓿、红豆草、沙打旺等；以放牧为主的人工草地则包括上繁豆科牧草、下繁豆科牧草、上繁疏松型和根茎型禾本科牧草以及下繁型禾本科和豆科牧草，而以下繁型禾本科牧草和豆科牧草为主，如多年生黑麦草和白三叶、紫花苜蓿、百脉根和无芒雀麦、草原早熟禾等。目前，在我国北方地区以紫花苜蓿为主的混播，有紫花苜蓿＋苇状羊茅、紫花苜蓿＋无芒雀麦、紫花苜蓿＋披碱草等。

（二）混播牧草的播种方法

1. 混播期

根据牧草的生物学特性及土壤、气候条件决定适宜的播种期。如禾本科与豆科牧草同为冬性或春性牧草，可以在秋季或春季同时播种，否则应分别秋播和春播。由于禾本科牧草苗期生长较弱，易受豆科牧草抑制，可以秋播禾本科牧草而在第二年春播豆科牧草。如无芒雀麦与苜蓿混播，适宜秋播无芒雀麦，第二年早春播种苜蓿。

2. 混播方法

是指各种牧草及其个体在空间上的合理配置。方法如下。

（1）同行播种　行距通常为 15 厘米，各种牧草都播在同一行内。

（2）交叉播种　一种或几种牧草播于同一行内，而另一种或几种与前者垂直方向播种。

（3）间条播　又分窄行间条播及宽行间条播两种，前者行距为 15 厘米，后者行距为 30 厘米。当播种三种以上牧草时，一种牧草播于一行，而另两种播于相邻的另一行，或者分种间行播。

（4）宽窄行间播种　15 厘米窄行与 30 厘米宽行相间条播，在窄行中播种不喜光或竞争力较强的牧草，而在宽行内播种喜光或竞争力较弱的牧草。

(5) 撒、条播　行距15厘米，一行采用条播，另一行进行较宽幅的撒播。或将各类牧草分播带播种，播带宽40～200米。人工撒播和飞机播种，也可将混播牧草的种子混合均匀后撒播。

(三) 组合牧草比例

确定混播组合的牧草种类以后，要进一步确定它们在总播种量中所占的比例。在混播牧草中，各混播牧草之间，除了表现在生物学特性上，也表现在种的个体数量上。为了确定混播牧草各成员最适宜的比例，一般首先把禾本科和豆科各自归为一类，研究其比例，简称豆禾比例。确定混播牧草成员组合比例很复杂，必须进行试验研究。

1. 利用年限

豆科牧草寿命一般较短。若草地利用年限长，豆科牧草衰退后地面裸露，杂草滋生。故长期利用的草地，特别是放牧利用的草地，豆科牧草的比例宜低；短期利用的草地豆科牧草比例可高一些（表3－1）。

表3－1　混播牧草各成员组合比例

利用年限	豆科牧草（%）	禾本科牧草（%）	在禾本科牧草中（%）	
			根茎和根茎疏丛型	疏丛型
短期草地（2～3年）	65～75	35～25	0	100
中期草地（4～7年）	25～20	75～80	18～25	90～75
长期草地（8～10年）	8～10	92～90	50～75	50～25

2. 利用方式

混播草地利用方式不同，各类牧草组成比例也不同。刈割型的草地以上繁草为主；放牧型的草地以下繁草为主（表3－2）。

表3－2　不同利用方式的混播草地上繁草和下繁草的比例

利用方式	上繁草种子（%）	下繁草种子（%）
刈草用	90～100	0～10
刈牧兼用	50～70	30～50
放牧用	25～30	70～75

3. 光照情况

牧草对光照强度的敏感性不一样，耐阴性也有差异。光照强度和产草量之间具有直接的相关关系，在一定范围内牧草产量随着光照增强而增加。选择混播草种要考虑遮阴对牧草产量带来的影响。

4. 土壤条件

各种牧草对土壤干湿度的适应性不同。一般在较湿润的条件下，豆科牧草的比例可大一些，而在干旱的条件下，则应少一些，或者两者所占比例相当。

五、牧草水肥管理技术

（一）牧草常用的肥料

1. 硫酸铵

简称硫铵，白色或浅黄色的颗粒肥料，含氮 20% ~21%，易深于水，作追肥、基肥、种肥。硫酸铵肥效快而短，一般在30℃条件下，施后 2 ~3 天即可见效，生理酸性肥料，长期施用会使土壤板结、变酸。硫酸铵作基肥施用量一般为 25 ~ 40 千克/亩，种肥用量为 2.5 ~5 千克/亩，追肥用量每次为 10 ~ 15 千克/亩。

2. 碳酸氢铵

简称为碳铵，白色或灰白色结晶状颗料，含氮为 15% ~ 17%，性质不稳定，易分解挥发，有氨臭味。碳酸氢铵挥发性强，不宜作为种肥，也不作根外追肥施用。通常情况下作为基肥和追肥，作基肥时 30 ~ 40 千克/亩，作追肥时每次施肥量为 15 千克/亩。追肥要深施于植株旁 8 ~ 10 厘米，然后盖土。碳酸氢铵不能作苗床追肥，以防烧伤幼苗。

3. 尿素

尿素是酰胺类氮肥，含氮量 44% ~46%，白色或浅黄色结晶体，无味无臭，稍有清凉感；易溶于水，水溶液呈中性反应。尿素吸湿性强。尿素是生理中性肥料，在土壤中不残留任何有害物质，长期施用没有不良影响。尿素可以作基肥、追肥和种肥，用量为硫酸铵的一半。尿素作为根外追肥时效果甚好，易为叶片吸收，一般用于禾本科作物时浓度为1.5%～2.0%，用于叶类作物时为1%。

4. 硝酸铵

简称硝铵，白色结晶，含硝态及铵态氮各半，氮素含量为33%～34%，肥效较高，吸湿性强，易结块。硝铵可作追肥，不宜作种肥和基肥，宜旱田不宜水田。作追肥时每次撒施10～20千克/亩为宜。

5. 过磷酸钙

又称普通过磷酸钙、过磷酸石灰，简称普钙。主要成分为磷酸一钙和硫酸钙的复合物，有效磷（P_2O_5）含量为14%～20%。为一种灰褐色粉末状酸性肥料。过磷酸钙易吸潮结块，腐蚀性较强，在贮藏过程中，易变质降低磷肥的有效性。另外，磷在碱性土壤中，易被钙离子固定，在酸性土壤中易被铁、铝离子固定，不易被植物吸收利用。但被固定的磷酸盐以后可被微生物陆续释放出来，因此肥效较长，是迟效性肥料。过磷酸钙可作为基肥、种肥、追肥施用。基肥、种肥的施用量分别为30～40千克/亩和3～4千克/亩。

6. 氯化钾

含氧化钾50%～60%。一般呈白色或粉红色或淡黄色结晶，易溶于水，物理性状良好，不易吸湿结块，水溶液呈化学中性，属于生理酸性肥料。宜作基肥深施，作追肥要早施，不宜作种肥。作基肥用量分别为15～20千克/亩，追肥用量10～15千克/亩。

7. 硫酸钾

含氧化钾48%～52%。一般呈白色或淡黄色结晶，易溶于水，物理性状好，不易吸湿结块，是化学中性、生理酸性肥料。可作基肥、追肥、种肥和根外追肥。作基肥用量分别为15～20千克/亩，追肥用量10～15千克/亩。作种肥用量1.5～2.5千克/亩。叶面施用时，配成2%～3%的溶液喷施。

8. 磷酸铵

磷酸铵系列包括磷酸一铵、磷酸二铵、磷酸铵和聚磷酸铵，是氮、磷二元复合肥料。

磷酸一铵含氮10%～14%、五氧化二磷42%～44%。外观为灰白色或淡黄色颗粒或粉末，不易吸潮、结块，易溶于水，其水溶液为酸性，性质稳定，氨不易挥发。

磷酸二铵含氮18%、五氧化二磷计46%。纯品白色，一般商品外观为灰白色或淡黄色颗粒或粉末，易溶于水，水溶液中性至偏碱，不易吸潮、结块，相对于磷酸一铵，性质不是十分稳定，在湿热条件下，氨易挥发。

目前，用作肥料的磷酸铵产品，实际上是磷酸一铵、磷酸二铵的混合物，含氮12%～18%、五氧化二磷47%～53%。产品多为颗粒状，性质稳定，并加有防湿剂以防吸湿分解。易溶于水，水溶液中性。

可用作基肥、种肥，也可以叶面喷施。作基肥用量15～25千克/亩，种肥用量2.5～5千克/亩。

9. 硝酸磷肥

硝酸磷肥的生产工艺有冷冻法、碳化法、硝酸-硫酸法，因而其产品组成也有一定差异。主要成分是磷酸二钙、硝酸铵、磷酸一铵，另外还含有少量的硝酸钙、磷酸二铵。含氮13%～26%、五氧化二磷12%～20%。一般为灰白色颗粒，有一定吸湿性，部分溶于水，水溶液呈酸性反应。硝酸磷肥主要作基肥和追肥。作基肥条施、深施效果较好。用量45～55千克/亩。

10. 磷酸二氢钾

磷酸二氢钾是含磷、钾的二元复肥，含五氧化二磷52%、氧化钾35%，灰白色粉末，吸湿性小，物理性状好，易溶于水，是一种很好的肥料，但价格高。可作基肥、追肥和种肥。因其价格贵，多用于根外追肥和浸种。喷施浓度0.1%～0.3%，在作物生殖生长期开始时使用；浸种浓度为0.2%。

11. 有机肥料

有机肥料包括厩肥、堆肥、人粪尿、绿肥等。其特点是养分含量全面，除含氮磷钾外还含有植物生长发育所需要的其他矿物元素。有机肥料的养分以有机态的形式存在，只有被微生物分解后，才能被作物吸收利用，因而当季的利用率较低，通常为20%～30%。施用有机肥料还有改良土壤的作用。

（1）厩肥　厩肥是农村广泛应用的一种有机肥料，包括家畜的粪尿和垫草。由于家畜的种类不同，其肥料特性也各异。牛粪含水多、细密，含纤维分解菌少、分解慢，属凉性肥料。马粪含水少、粗糙、疏松多孔，含大量纤维分解菌，易发酵产热，属热性肥料。猪粪质地细，含水较多，但氨化微生物含量多，易分解，肥效大而快。另外纤维分解菌含量少，对未消化彻底而残留于粪中的饲料分解慢，因而分解速度介于牛粪和马粪之间，属温性肥料。另外，还有鸡、鸭、鹅、兔粪都是上好的厩肥。

厩肥主要用作基肥，腐熟后也可作种肥和追肥。厩肥腐熟后施用可增加速效养分含量，提高当季利用率，另外厩肥腐熟可减少病虫杂草传播的中间媒介，施用方便，有利于种子发芽出苗。尤其是鸡粪腐熟后可减少烧苗、烧根现象。

（2）人粪尿　人粪尿和厩肥具有共同的特性，含氮量0.5%～1%，是一种很好的肥料。

（3）堆肥　堆肥是利用杂草、作物秸秆等为原料堆放经微生物发酵腐烂而制成的一种农家肥料，其作用和养分含量同厩肥基本相同。

（4）绿肥　植物割下后直接翻压到土壤中用作肥料，称为绿肥。用作绿肥的植物称为绿肥植物。由于豆科植物具有根瘤菌可固定空气中的氮素，因而绿肥植物多为一年生豆科植物。

（二）牧草施肥技术

1. 牧草施肥的原则

施肥的目的是为了满足饲草生长发育的需要，增加产量，提高效益。但要做到高产低成本，就必须合理施肥。因此，在施肥时必须遵循以下原则。

（1）根据饲草的种类和生育时期施肥　不同的饲草种类对肥料的要求不同。如禾本科作物、叶菜类饲料作物需氮较多，而豆科作物需磷较多，薯类及瓜类饲料作物则需钾量较多。同一种类牧草其品种不同对肥料的需求也不相同。如麦类矮秆耐肥品种，要求较好的水肥条件；而高秆不耐肥品种，水肥过多会造成减产。同一种饲料作物或牧草在不同的生长时期需肥量也不同。籽用玉米在苗期对氮肥需要量较小，拔节孕穗期对氮肥的需要量增多，到抽穗开花后对氮肥的需要量又减少。掌握不同饲草种类和不同生育时期对肥料的需求，对决定施肥时期和施肥量达到获得高产、优质的饲料的目的是十分重要的。

（2）根据收获的对象决定施肥　一般青贮饲料生产田，需要施用较多的速效氮素化肥，以便获得较高的茎叶生产量；以种子生产为主时，则应多施磷、钾肥，配合施用一定量速效氮肥；以收获块根茎为主时，应注意磷、钾肥的施用，过多施用氮肥会造成茎叶徒长，而经济产量反而降低。

（3）根据土壤状况合理施肥　要充分发挥肥效，还应根据土壤性质选择肥料的种类和施用方法。如黏性土壤施肥，应重视基肥和种肥的施用；沙质土壤保肥性差，应少量多次追肥。在决定施肥量时应充分考虑土壤肥力的高低。对于比较肥沃的土壤，多施肥会引起作物或牧草倒伏，要减少施肥量；瘠薄的土壤应注意适当多施肥料，以满足饲草高产的要求。

（4）根据土壤水分状况等施肥　水分太多易造成施入养分的渗漏，而且好气性微生物活性差，有机肥养分释放慢；水分太少，则养分无法被植物吸收。旱季施肥时，要结合灌水或降水进行。此外，土壤的酸碱状况对施肥的效果也有影响，如酸性土壤施用磷肥可选用磷矿粉，而碱性土壤则不宜施用含氯离子和钠离子的肥料。

（5）根据肥料的种类和特性施肥　肥料的种类不同，性质各异。厩肥、堆肥、绿肥等有机肥料和磷肥多为迟效性肥料，通常作为基肥施用。硫酸铵、碳酸氢铵等速效氮肥多作追肥施用。硝态氮难于被土壤胶体吸附而易于流失，并在反硝化细菌作用下变成氮气而挥发，因而通常不作基肥施用，作追肥也应少施、勤施。另外在施肥时应考虑肥料中所含的其他离子对牧草生长的影响，如含氯离子的肥料，不宜施于含淀粉、糖较多的如甘薯、萝卜等。

（6）施肥与农业技术配合　农业技术措施与肥效有密切关系。如有机肥料作基肥施用，常结合深翻使肥料能均匀混合在全耕层之中，达到土壤和肥料相融，有利于牧草吸收。追肥后浇水，有利于养分向根系表面迁移和吸收。各种肥料搭配混合施用，既可提高肥效，又可节省劳力，从而降低农产品成本。

2. 施肥时期

一般来说，施肥时期包括基肥、种肥和追肥 3 个环节。只有将其掌握得当，肥料用得好，经济效益才能高（表 3－3）。

表 3－3　基肥、种肥和追肥的含义、作用及施肥方法

施肥时期	基　肥	种　肥	追　肥
含义	是指在播种或定植前以及多年生植物越冬前结合土壤耕作施入的肥料	是指播种或定植时施入土壤的肥料	是指在植物生长发育期间施入的肥料
作用	满足整个生育期内植物营养连续性的需求；培肥地力，改良土壤，为植物生长发育创造良好的土壤条件	为种子发芽和幼苗生长发育创造良好的土壤环境	及时补充植物生长发育过程中所需要的养分，有利于产量和品质的形成

（续表）

施肥时期	基　肥	种　肥	追　肥
肥料种类	以有机肥为主，无机肥为辅；以长效肥料为主，以速效肥料为辅	速效性化学肥料或腐熟的有机肥料	速效性化学肥料，腐熟的有机肥
施肥方法	撒施、条施、分层施肥、穴施、环状和放射状施肥等	拌种、醮秧根、浸种、条施、穴施、盖种肥等	撒施、条施、随水浇施、根外施肥、环状和放射状施肥等

3. 合理施肥方法

施肥方法就是将肥料施于土壤和植株的途径与方法，前者称为土壤施肥，后者称为植株施肥。

（1）土壤施肥　在生产实践中，常用的土壤施肥方法主要有以下几种。

①撒施：撒施是施用基肥和追肥的一种方法，即把肥料均匀撒于地表，然后把肥料翻入土中。凡是施肥量大的或密植植物如小麦、水稻、蔬菜等封垄后追肥以及根系分布广的植物都可采用撒施法。

②条施：也是基肥和追肥的一种方法，即开沟条施肥料后覆土。一般在肥料较少的情况下施用，玉米、棉花及垄栽红薯多用条施，再如小麦在封行前可用施肥机或耧耩入土壤。

③穴施：穴施是在播种前把肥料施在播种穴中，而后覆土播种。果树、林木多用穴施法。

④分层施肥：将肥料按不同比例施入土壤的不同层次内。例如，河南的超高产麦田将作基肥的70%氮肥和80%的磷、钾肥撒于地表随耕地而翻入下层，然后把剩余的30%氮肥和20%磷、钾肥于耙前撒入垡头，通过耙地而进入地表层。

（2）植株施肥　在生产实践中，常用的植株施肥方法主要有以下几种。

①根外追肥：把肥料配成一定浓度的溶液，喷洒在植物体

上，以供植物吸收的一种施肥方法。

②种子施肥：包括拌种、浸种和盖种肥。拌种是将肥料与种子均匀拌和或把肥料配成一定浓度的溶液与种子均匀拌和后一起播入土壤的一种施肥方法；浸种是用一定浓度的肥料溶液来浸泡种子，待一定时间后，取出稍晾干后播种；盖种肥是开沟播种后，用充分腐熟的有机肥或草木灰盖在种子上面的施肥方法。

（三）牧草灌溉技术

灌溉是补充土壤水分，满足牧草正常生长发育所需水分的一项农事措施。正确的灌溉不仅能满足饲料作物和牧草各生育期对水分的需求，而且可改善土壤的理化性质，调节土壤温度，促进微生物的活动，最终达到促进牧草快速生长发育、获得高产的目的。

1. 灌溉方法

灌溉方法多种多样，大致分为3种类型，即地表灌溉、喷灌（空中）和地下灌溉。

（1）地表灌溉　最简单的方法就是人工浇灌。用水省，但费劳力。一般饲料地浇灌多采用沟灌或畦灌等，这也是我国农业灌溉的基本方法。沟灌多用于起垄种植的作物，而畦灌则多用于平畦条播的作物。

（2）空中灌溉（喷灌或人工降雨）　是灌溉水通过机械设备，变成水滴状喷射到空中，降落在植物或土壤上。此法可以用少量水实行定额灌溉，可调节农田小气候，不论土壤是否平坦均能均匀灌溉，节省劳力和用水。

（3）地下灌溉　也称渗灌，是在地下40～100厘米处设有孔的水管，水从管中渗出，并借助毛管的作用上升或向四周扩散，以满足牧草生长发育对水的需要。此法不会造成土壤表层板结，是节水灌溉最好的方法，主要用于干旱缺水地区。但要注意，盐碱地要慎用这种方法，以防止土壤盐分随水上升，加重表土的盐分含量。

2. 灌溉应注意的事项

灌溉必须有利于牧草生长，保证高产、低成本，根据土壤墒情、天气条件、牧草生育时期正确实施。禾本科植物通常在拔节期至抽穗期是需水的关键时期，豆科植物则从现蕾到开花是需水的关键时期。对于刈割草地来说，每次刈割后都要进行灌溉施肥，尤其是具有潜在盐碱的地块，割后草地土壤裸露，土壤表面蒸发加剧，土壤深层盐分随水上升进入土壤表层，加重草地盐碱为害。因此要及时灌溉，使牧草迅速恢复生长，减少土壤蒸发。灌溉用水量以不超过田间持水量为原则。

此外，旱田土壤含水量约为田间持水量50%～80%时，有利于作物的生长发育。但牧草不同生育期对水分的需要量不同。水分过多时，必须及时排除。

排水良好的地块，有利于根系下扎，同时对改善土壤的通气条件、提高土温、促进土壤微生物活动和有机质分解，在防止土壤沼泽化和盐渍化等方面都起着重要作用。要使地块排水良好，除畦沟要开深、开得平直外，在多雨地区，还应注意经常疏通沟渠排水。

六、牧草用药技术

（一）农药的类型

按作用方式分类，可分为杀虫剂、杀菌剂、除草剂等。

1. 杀虫剂

可分为：①胃毒剂：通过消化系统进入虫体内，使害虫中毒死亡的药剂。如敌百虫等。②触杀剂：通过与害虫虫体接触，药剂经体壁进入虫体内使害虫中毒死亡的药剂。如大多数有机磷杀虫剂、拟除虫菊酯类杀虫剂。③内吸剂：药剂易被植物组织吸收，并在植物体内运输，传导到植物的各部分，或经过植物的代谢作用而产生更毒的代谢物，当害虫取食植物时中毒死亡的药剂。如乐果、吡虫啉等。④熏蒸剂：药剂能在常温下气化为有毒气体，通过气门进入害虫的呼吸系统，使害虫中毒死亡的药剂。如磷化铝等。⑤特异性昆虫生长调节剂：按其作用不同可分为如下几种：昆虫生长调节剂、引诱剂、驱避剂、拒食剂等。

2. 杀菌剂

可分为：①保护性杀菌剂：在病原微生物尚未侵入寄主植物前，把药剂喷洒于植物表面，形成一层保护膜，阻碍病原微生物的侵染，从而使植物免受其害的药剂，如波尔多液、代森锌、大生等。②治疗性杀菌剂：病原微生物已侵入植物体内，在其潜伏期间喷洒药剂，以抑制其继续在植物体内扩展或消灭其为害，如三唑酮、甲基硫菌灵、乙磷铝等。③铲除性杀菌剂：对病原微生物有直接强烈杀伤作用的药剂。这类药剂常为植物生长不能忍受，故一般只用于播前土壤处理、植物休眠期使用或种苗处理，如石硫合剂、福美胂等。

3. 除草剂

可分为：①选择性除草剂：这类除草剂在不同的植物间有选择性，即能够毒害或杀死某些植物，而对另外一些植物较安全。大多数除草剂是选择性除草剂，如除草通、敌草胺等均属于这类除草剂。②灭生性除草剂：这类除草剂对植物缺乏选择性，或选择性很小，能杀死绝大多数绿色植物。它既能杀死杂草、又能杀死作物，因此，使用时须十分谨慎。百草枯、草甘膦属于这类除草剂。一般可用于休闲地、田边与坝埂上灭草，用于田园除草时一般采用定向喷雾的方法。

（二）农药的施用方法

农药的品种繁多，加工剂型也多种多样，同时，防治对象的为害部位、为害方式、环境条件等也各不相同。因此，农药的施用方法也随之多种多样。农药常见的施用方法如下。

1. 喷雾法

喷雾法是借助于喷雾器械将药液均匀地喷布于目标植物上的

施药方法。是目前生产上应用最广泛的一种方法。适合于喷雾的剂型有乳油、可湿性粉剂、可溶性粉剂、胶悬剂、水剂、水分散颗粒剂等。在进行喷雾时，雾滴大小会影响防治效果，一般地面喷雾雾滴直径最好在50~80微米。喷雾时要求均匀周到，使目标物上均匀地有一层雾滴，并且不形成水滴从叶片上滴下为宜。喷雾时最好不要在中午进行，以免发生药害和人体中毒。

2. 毒土法

是将药剂与细土细沙等混合均匀，撒施于地面，然后进行耧耙翻耕等方法。主要用于防治地下害虫或某一时期在地面活动的害虫。如用5%辛硫磷颗粒剂1份与细土50份拌匀，制成毒土。

3. 毒谷、毒饵法

是用饵料与具有胃毒作用的对口药剂混合制成毒饵，用于防治害虫和害鼠的方法。毒饵法对地下害虫和害鼠具有较好的防治效果，缺点是对人、畜安全性差。常用的饵料有麦麸、米糠、豆饼、花生饼、玉米芯、菜叶等。毒谷是用谷子、高粱、玉米等谷物作饵料，煮至半熟有一定香味时，取出晾干，拌上胃毒剂，然后与种子同播或撒施于地面。

4. 种子处理法

种子处理法有拌种、浸种（浸苗）、闷种三种方法。拌种是指在播种前用一定量的药粉或药液与种子搅拌均匀，用以防治种传、土传病害和地下害虫。拌种用的药量，一般为种子重量的0.2%~0.5%；浸种（浸苗）是指将种子或幼苗浸泡在一定浓度的药液里，用以消灭种子或幼苗所带的病原菌或虫体；闷种是把种子摊在地上，把稀释好的药液均匀地喷洒在种子上，并搅拌均匀，然后堆起熏闷并用麻袋等物覆盖，经一昼夜后，晾干即可。此法具有保苗效果好，对害虫天敌影响小，农药用量少等优点。

5. 土壤处理法

是将药剂施在地面并耕翻入土中，用来防治地下害虫、土传病害、土壤线虫和杂草的方法。土壤处理要使药剂均匀混入土壤中，与植株根部接触的药量不能过大。

总之，农药的使用方法很多，在使用农药时可根据药剂的性能及有害生物的特点灵活运用。

（三）农药的科学合理使用

农药的科学、合理使用就是要求贯彻“经济、安全、有效”的原则，从综合治理的角度出发，运用生态学的观点来使用农药。在生产中应注意以下几个问题。

1. 正确诊断，对症治疗

各种药剂都有一定的性能及防治范围，即使是广谱性药剂也不可能对所有的作物植物病害或作物植物虫害都有效。一般杀虫剂不能治病，杀菌剂不能治虫。因此，在施药前应根据实际情况选择最合适的药剂品种，切实做到对症下药，避免盲目用药。

2. 适期施药

适期施药是做好病虫草防治的关键。病虫草有其发生规律。农药施用应选择在病虫草最敏感的阶段或最薄弱的环节进行施药，才能取得最好的防治效果。过早或过晚使用都会影响防治效果。

3. 合理用药量、用药浓度和施药次数

各类农药使用时，均需按农药说明书的用量使用，不可任意增减用量及浓度。否则，不仅会浪费农药，增加成本，而且还易使植物体产生药害，甚至造成人、畜中毒。农药用量过少，浓度过低，施药次数比规定少，会影响防治效果。另外，在用药前，还应搞清农药的规格，即有效成分的含量，然后再确定用药量。如常用的杀菌剂福星，其规格有10%乳油与40%乳油，若10%乳油稀释2 000～2 500倍液，40%乳油则需稀释8 000～10 000倍液。

4. 选用适当的剂型和科学的施药技术

根据病虫草害的发生特点及环境，在药剂选择的基础上，应

选择适当的剂型和相应的科学施药技术，例如，可湿性粉剂不能作为喷粉用，而粉剂则不可对水喷雾；在阴雨连绵的季节，防治大棚内的病害应选择粉尘剂或烟剂；对光敏感的辛硫磷拌种效果则优于喷雾；防治地下害虫则宜采用毒谷、毒饵、拌种等方法。

5. 轮换用药

长期使用同一种或同一类农药防治某种害虫或病菌，易使害虫或病菌产生抗药性，降低防治效果，病虫越治难度越大。因此，应尽可能地轮换用药，也应尽量选用不同作用机制类型的农药品种。

6. 混合用药

这是将两种或两种以上对病虫具有不同作用机制的农药混合使用，以达到同时兼治几种病虫、提高防治效果、扩大防治范围、节省劳力的目的。如有机磷制剂与拟除虫菊酯制剂混用、甲霜灵与代森锰锌混用等。农药之间能否混用，主要取决于农药本身的化学性质。农药混合后它们之间应不产生化学和物理变化，才可以混用。

第四章　常见人工牧草栽培与利用

一、主要豆科牧草栽培与利用

豆科牧草多数为草本，少数为灌木或乔木，双子叶植物。根为直根系，且有根瘤。茎直立、匍匐或蔓生。叶多互生，羽状复叶或三出复叶，网状叶脉。总状花序或圆锥花序，花两性，多为蝶形花冠，虫媒花。果实为荚果。豆科牧草茎叶含有丰富的蛋白质、钙和胡萝卜素，营养价值很高，最适宜与禾本科牧草配合饲喂。

（一）紫花苜蓿

紫花苜蓿，又称紫苜蓿、苜蓿，主要分布在我国西北、东北、华北地区，江苏、湖南、湖北、云南等地也有栽培。我国栽培面积约 160 万公顷，居世界第六位。

1. 形态特征

豆科多年生草本植物。根系发达，主根粗大，入土深达 3 ~ 6 米，深者可达 10 米，侧根多分布在 20 ~ 30 厘米以内土层中。根上着生有根瘤，且以侧根居多。根颈膨大，并密生许多幼芽。茎直立或斜生，光滑或稍有毛，具棱，略呈方形，多分枝，株高 60 ~ 120 厘米，高者可达 150 厘米。羽状三出复叶，小叶倒卵形或长椭圆形，叶缘上 1/3 处有锯齿，中下部全缘。短总状花序，腋生，花冠蝶形，有花 20 ~ 30 朵，紫色或深紫色。荚果螺旋形，一般 2 ~ 4 回，成熟时呈黑褐色，内含种子 2 ~ 8 粒。种子肾形，黄褐色，有光泽，千粒重 1. 4 ~ 2. 3 克（图 4 – 1）。

2. 栽培技术

(1) 品种选择 苜蓿品种繁多，对环境条件的要求亦异，因而应根据各地的自然条件选择适宜的品种。在选择品种时，首先要考虑的是苜蓿的秋眠性，在北方寒冷地区以种植秋眠性较强、抗旱的品种为宜，而在长江流域等温暖地区应采用秋眠性较弱或非秋眠、且耐湿的品种。在盐碱土壤上种植除考虑秋眠性外，还需考虑其耐盐性。

图 4－1 紫花苜蓿

(2) 轮作和整地 北方地区苜蓿是轮作中的主要牧草，其前作应是一年生作物、中耕作物或根菜类蔬菜作物，而后作应安排经济价值较高，需氮肥较多的作物，如玉米、麦类、棉花、甜菜等。紫花苜蓿种子细小，出土力弱，整地质量直接影响出苗率和整齐度，因此，必须精细整地。耕深要达 20 厘米以上，耕后耙耱，做到地平土碎，以利幼苗生长。低洼盐碱地要挖好灌溉和排水沟渠，以利灌溉洗盐及排出多余的水分。

（3）播种　苜蓿春、夏、秋季均可播种。气候比较寒冷，生长期比较短的地区宜早春播种，如东北、西北和华北北部。但在春季风沙大，气候干旱又无灌溉条件的地区宜夏播或雨季播种。盐碱地宜在雨季后期播种，此时土壤含水量较高，耕层盐分含量较低，适于种子萌发和幼苗生长。秋播时不要过迟，以在播后能有80~90天的生育期为宜。北方寒冷地区也可寄籽播种。长江流域3~10月均可播种，而以9月播种最好。

播种量一般为0.5~1.5千克/亩，收草用的播种量宜为1.0~1.5千克/亩，收种用的以0.5~1.0千克/亩为宜。条播、点播、撒播均可，但多用条播，以便于田间管理。条播行距收草用20~30厘米，收种用40~60厘米。覆土2厘米左右。苜蓿可与多种禾本科牧草进行混播，对提高牧草产量和质量十分有利。

（4）田间管理　苜蓿田的杂草防除应采取综合措施，第一播前要精细整地，清除地面杂草；第二要控制播种期，如东北地区在6月播种、河南省在早秋播种可有效抑制苗期杂草；第三可采取窄行条播，使苜蓿尽快封垄；第四进行中耕，在苗期、早春返青及每次刈割后，均应进行中耕松土，以便清除杂草，疏松土壤，防止水分蒸发，促进苜蓿的生长；也可使用化学除莠剂如普施特、拿捕净、盖草能、禾草克等进行化学除草。

在播种前一般施用有机肥2 000~3 000千克/亩，过磷酸钙20~30千克/亩，硫酸钾或氯化钾6千克/亩做底肥，在返青及刈割后和越冬前进行追肥，每次追过磷酸钙10~20千克/亩或磷酸二铵4~6千克/亩。

有灌溉条件的地方，越冬前要灌足越冬水。降雨后造成积水时应及时排除，以防烂根死亡。

紫花苜蓿常见的病害有霜霉病、锈病、褐斑病等，可用波尔多液、石硫合剂、托布津等防治；害虫主要有蚜虫、盲椿象、金龟子等，可用乐果、敌百虫等防治。

（5）刈割　苜蓿的适宜刈割时间为初花期秋季最后一次刈割应在早霜来临前一个月进行。

刈割留茬高度一般为 4 ~ 5 厘米，但越冬前最后一次刈割时留茬应高些，为 7 ~ 8 厘米。北方地区春播当年，若有灌溉条件，可刈割 1 ~ 2 次，此后每年可刈割 3 ~ 5 次，长江流域每年可刈割 5 ~ 7 次。鲜草产量一般为 1 000 ~ 4 000千克/亩，水肥条件好时可达 5 000千克/亩以上。各次刈割的产量以第一茬最高，约占总产量的 50% 左右，第二茬约为总产量的 20% ~ 25%，第三茬和第四茬为 10% ~ 15%。

（6）种子生产　对苜蓿种子田进行最低限度的水分胁迫，有利于种子生产。蕾期和花期应避免灌水，荚期灌水一次即可。苜蓿是异花授粉植物，引入蜜蜂、切叶蜂等昆虫，可提高其授粉率，增加种子产量。种子田要施足磷、钾肥，在缺硼的土壤上还应施用硼肥。收种时间为大部分荚果变成黄色或褐色时进行，一般每亩收种量为 50 千克左右。

3. 饲用价值

苜蓿是各种畜禽均喜食的优质牧草，营养价值很高，不论青饲、放牧或是调制干草和青贮，适口性均好，因而被誉为"牧草之王"。苜蓿粗蛋白含量为 15% ~ 20%，消化率可达 70% ~ 80%。蛋白质中氨基酸种类齐全，含量丰富。另外，苜蓿富含多种维生素和微量元素，同时还含有一些未知促生长因子，对畜禽的生长发育均具良好作用。

青饲是苜蓿的一种主要利用方式，每头每天的喂量一般为：泌乳母牛 20 ~ 30 千克，青年母牛 10 ~ 15 千克，绵羊 5 ~ 6 千克，兔 0.5 ~ 1.0 千克，成年猪 4 ~ 6 千克，断乳仔猪 1 千克，鸡 50 ~ 100 克。喂猪禽时应切碎或打浆，且只利用植株上半部的幼嫩枝叶，而下半部较老枝叶则用于饲喂大家畜。

青饲或放牧反刍家畜时，易得臌胀病。原因是苜蓿青草中含有大量的皂甙，其含量为 0.5% ~ 3.5%，它们能在瘤胃内形成大量泡沫，阻塞嗳气排出，因而致病。青饲时应在刈割后凋萎1～2小时，放牧前先喂一些干草或粗饲料，在有露水和未成熟的苜蓿地上不要放牧，与禾草混播等措施均可防止臌胀病的发生。

苜蓿的干草或干草粉是家畜的优质蛋白质和维生素补充料。但在饲喂单胃动物时喂量不宜过多，否则对其生长不利。如鸡日粮中有20%的苜蓿粉时，生长显著下降，并使产蛋率降低。一般鸡的日粮中苜蓿粉可占2%～5%；猪日粮以10%～15%为宜。牛日粮中可占25%～45%或更多，羊50%以上，在肉兔的日粮中以30%左右最佳。

调制青贮饲料是保存苜蓿营养物质的有效方法，苜蓿青贮料也是家畜的优质饲料。苜蓿可单独青贮，与禾草混贮，效果更好。

（二）白三叶草

白三叶草在我国长江以南地区大面积种植，是南方广为栽培的当家豆科牧草。白三叶草产量低，但品质极好，多年生，有匍匐茎，能蔓延生长，又能以种子自行繁殖，耐牧性很强，为最适于放牧利用的豆科牧草，也是城市、庭院绿化与水土保持的优良草种（图4－2）。

1. 形态特征

豆科三叶草属多年生草本植物，一般生存8～10年。主根较短，侧根发达。根系浅，根群集中于10～20厘米表土层，根上着生许多根瘤。株丛基部分枝较多，通常可分枝5～10个；茎细长，光滑无毛，主茎短，有许多节间，长30～60厘米，匍匐生长，茎节处着地生根，并长出新的匍匐茎，不断向四周扩展，侵占性强，单株占地面积可达1平方米以上。掌状三出复叶，叶互生，叶柄细长直立，长15～25厘米。小叶倒卵形至倒心形，长1.2～3厘米，宽0.4～1.5厘米，先端圆或凹，基部楔形，边缘具细锯齿，叶面具“V”字形斑纹；托叶细小，膜质，包于茎上。叶腋有腋芽，可发育成花或分枝的茎。头形总状花序，着生于自叶腋抽出的比叶柄长的花梗上。花小而多，一般20～40朵，多的可达150朵，白色，有时带粉红色，异花授粉。荚细狭长而小，荚壳薄，易破裂，每荚含种子1～7粒，常为3～4粒；种子心脏形，黄色或棕黄色，细小，千粒重0.5～0.7克，硬实多。

图4－2 白三叶草

2. 栽培技术

（1）整地施肥 白三叶种子很小，整地应精细。要先浅翻灭茬，清除杂物，蓄水保墒，隔10～15天进行深翻耙地，整平地面。结合整地施足底肥，施有机肥1 500～2 000千克/亩，混入过磷酸钙15～20千克/亩，在湿润环境下堆积发酵20～30天，然后施用，播种前再浅耕土壤，每亩施入硝酸铵5～8千克。

（2）播种 播种期以晚夏至早秋播种为宜，春播宜在3月上中旬，稍迟又易受杂草排挤。单播每亩需种子0.25～0.50千克左右。行距30厘米，播深1.0～1.5厘米。一般宜与红三叶和黑麦草、鸭茅、牛尾草等混种，尤宜与丛生禾本科牧草如鸭茅混种，以充分利用其丛生时留下的隙地。混种时，播量按禾豆比2∶1计算，每亩白三叶种子用量为0.1～0.25千克。

（3）田间管理　白三叶苗期生长缓慢，应注意适时中耕除草1～2次。春秋两季返青前和放牧刈割后的再生前，要进行耙地松土，并每亩追施过磷酸钙20～25千克或磷酸二铵5～8千克。有灌溉条件的，在干旱时可结合灌水进行灌溉。混播草地应通过偏施磷钾肥进行调整。白三叶草常见病害主要有菌核病和病毒侵染，虫害主要有叶蝉、白粉蝶、地老虎、斜纹夜蛾等，要及时进行防治。

（4）收获　白三叶在初花期即可刈割，春播当年，每亩可收鲜草750～1 000千克，第二年可刈割多次，鲜草产量可达2 500～3 000千克，高者可达5 000千克以上。白三叶草层低矮，花期长达2个月，种子成熟不一致，成熟花序晚收往往被掩埋在叶层下，造成收种困难，并易落粒和受湿发芽，故应分批及时采收。每亩可收种子10～15千克，最高的可达45千克。

3. 饲用价值

白三叶茎叶细软，叶量特多，营养丰富，尤富含蛋白质。据测定，三叶草属牧草可消化率较苜蓿低，而总消化营养成分及净热量较苜蓿略高。三叶草干物质总产量随生育期而增高，而蛋白质的含量随生育期延长而逐渐降低，纤维素随生育期推迟而迅速增加。

白三叶茎枝匍匐，再生力强，耐践踏，适宜放牧利用，乃温带地区多年生放牧地不可缺少的豆科牧草。高产奶牛可从白三叶牧地获得所需营养的65%。放牧反刍家畜，混播草地白三叶与禾本科牧草应保持1∶2的比例为宜。这样既可获得单位面积最高干物质和蛋白质产量，又可防止牛羊等食入过量的白三叶引起臌气病。在混播草地上应施行轮牧，每次放牧后应停牧2～3周，以利牧草再生。白三叶单播草地可放牧猪、禽，也可刈割饲喂。

（三）红三叶草

红三叶草在我国新疆、湖北及西南地区有野生种分布，栽培种在西南、华中、华北南部、东北南部和新疆等地栽培，野生种也已试种成功，是南方许多地区和北方一些地区较有前途的栽培草种（图 4－3）。

图 4－3　红三叶草

1. 形态特征

豆科三叶草属短期多年生草本植物，一般寿命 2～4 年。红三叶为直根系，主根入土 60～90 厘米，侧根发达，60%～70% 的根系分布在 0～30 厘米土层中，着生多数根瘤。红三叶分枝能力强，单株分枝 10～15 个或更多。茎圆形，中空，直立或斜生，高 60～100 厘米。掌状三出复叶，小叶卵形或长椭圆形，边缘近全缘，叶面有灰白色“V”形斑纹。叶柄长，托叶阔大，膜质，有紫脉纹，先端尖锐。茎叶各部均具茸毛。头形总状花序，聚生于茎稍或自叶腋处长出，每个花序有小花 50～100 朵，花冠红色或紫色。荚果小，横裂，每荚含 1 粒种子。种子椭圆形或肾形，棕黄色或紫色，千粒重1.5~2.2克。

2. 栽培技术

（1）轮作　红三叶生长期短，根系发达且根瘤多，不易木质化，翻后易腐烂，宜在短期轮作中利用，忌连作。

（2）整地施肥　头年作物收获后及时翻耕灭草，翌年播种。结合深耕施足底肥，每亩施有机肥1 000~1 500千克，过磷酸钙20~30千克。

（3）播种　北方墒情好的地方多为春播，干旱地区多为夏播，最晚不迟于7月中旬。南方则多为秋播，而以9月播种为最好。每亩需种子0.75~1.0千克。播种方法以条播为宜，行距20~40厘米，收草宜窄，收种宜宽。播种深度1~2厘米。红三叶与黑麦草生长习性接近，二者混种效果好，播种量以1∶1为宜（每亩各用种子0.50~0.65千克），且应同时间行播种。

（4）田间管理　苗期可中耕1~2次，以后每刈割1次，只要注意把杂草同时刈割干净就不必再中耕，土壤板结时用钉齿耙破除。每次刈割后要追施过磷酸钙20千克、钾肥15千克。干旱地区应注意适时灌溉，尤其7~8月高温期灌水降低土温，有利于安全越夏。常见病害有菌核病，要适时防治。

（5）收获　红三叶生长发育较苜蓿为慢，因而第一次刈割时期比苜蓿稍迟，一般应于初花至盛花期刈割。在现蕾、初花前只见叶丛，鲜见茎秆，草层高度大于植株高度（茎长）；现蕾开花后茎秆迅速延伸，易倒伏。延期收割，常因倒伏降低饲草品质和再生能力。一般在草层高度达40~50厘米时，无论现蕾开花与否均可考虑刈割。

3. 饲用价值

红三叶是很好的放牧型牧草，放牧牛、羊时发生臌胀病也较苜蓿为少，但仍应注意防止。红三叶每年每亩干物质产量一般为600~750千克。每月割一次，集约管理的可达1 750千克。常与白三叶、黑麦草混种供放牧之用。红三叶草地又是放牧猪禽的良好牧场，仅次于苜蓿和白三叶。

红三叶刈割的干草所含消化蛋白质低于苜蓿，而所含净能则略高，是乳牛、肉牛和绵羊的好饲料，但需多喂一些蛋白质补充料。良好的红三叶干草也可代替苜蓿干草喂肥育猪和种猪，用作育肥猪维生素补充饲料时则效果与苜蓿干草相同。但含蛋白质和维生素均较少，不宜喂家禽。

（四）沙打旺

沙打旺在河南、河北、山东、江苏苏北等地栽培时间较久，我国北方各省区均广泛种植。沙打旺是保水、防风、固沙的水土保持植物，也是改土肥田的绿肥作物和良好的蜜源植物。在我国北方，沙打旺已成为退耕还草、改造荒山荒坡及盐碱沙地、防风固沙和治理水土流失的主要草种（图4－4）。

图4－4 沙打旺

1. 形态特征

多年生草本植物，主根粗壮，入土深达2~4米，侧根发达，根幅1.5~4.0米，根系主要分布在15~30厘米土层中。株高1~2米，全株密被“丁”字毛，茎圆而中空，直立或倾斜。奇数羽状复叶，着生小叶7~23枚，小叶长椭圆形，上面有疏毛，下面毛密。总状花序，多数腋生，少数顶生，总花梗很长，每个花序有小花17~79朵，花冠蓝紫色或紫红色。荚果矩形或长椭圆形，顶端具下弯的喙，内含种子10余粒，种子心脏形，黑褐色，千粒重1.5~2.4克。

2. 栽培技术

（1）整地施肥　播前整地要精细，并施入磷肥作底肥，亩施过磷酸钙10~30千克。

（2）播种　沙打旺在生长期间易受菟丝子为害，播前要进行种子清选，以除去混入的菟丝子种子。在春旱较重地区，以早春顶凌播种较好。春末和夏秋可趁雨抢种，但秋播时间不要迟于8月下旬。丘陵、山坡地趁雨抢种时，宜在雨季后期。平整地块宜条播，行距30~40厘米，种子田50~60厘米，不便于条播的地块可撒播，大面积播种或地形复杂的地区也可飞播。播后要及时镇压。播种量收草用时每亩0.25~0.50千克，收种者0.1~0.15千克，飞播时0.2千克。播种深度为1~2厘米，过深出苗困难，易造成缺苗。

（3）田间管理　苗期易受杂草为害，应及时中耕除草，每次刈割后亦需中耕除草一次。当出现菟丝子时，要及时拔除，或用鲁保一号制剂防除。雨后积水要及时排除，以防烂根死亡。有条件的地区，在早春和每次刈割后应进行灌溉和追肥。沙打旺病害主要有炭疽病、白粉病、根腐病、锈病、黄萎病等，虫害主要有蒙古灰象甲、大灰象甲等。发生病害时，可及时拔除病株和刈割，或用甲基托布津、粉锈宁、百菌清、多菌灵等药物防除。发生虫害时，要及时用高效低毒农药甲虫金龟净等防治。

（4）收获　播种当年可刈割1~2次，其后可刈2~3次。青饲在株高50~60厘米时刈割，青贮在现蕾期刈割，调制干草则在现蕾至开花初期为宜。刈割留茬5~10厘米。沙打旺属高产牧草，春播当年每亩产鲜草1 000~3 000千克，此后可达5 000千克以上。花期长，种子成熟不一致，且易脱落，应适时采种。当茎下部荚果呈深褐色时即可收获，产种量每亩25~30千克。

3. 饲用价值

沙打旺营养价值高，几乎接近紫花苜蓿。氨基酸含量丰富，特别是必需氨基酸的含量占到氨基酸总量的25%。适口性较好，但不如苜蓿和红豆草等豆科牧草。沙打旺可青饲、放牧、调制青贮、干草和干草粉等，其干草的适口性优于青草。沙打旺越冬芽距地面较近，冬季要严禁放牧，否则易损伤越冬芽，影响返青。

沙打旺株体内含有脂肪族硝基化合物，在家畜体内可代谢为β-硝基丙酸和β-硝基丙醇等有毒物质。反刍动物的瘤胃微生物可以将其分解，所以饲喂比较安全，但最好与其他饲料混合饲喂。对单胃动物和禽类，沙打旺属低毒牧草，仍可在日粮中占有一定比例。据试验，在鸡日粮中，不宜超过6%；兔日粮中，草粉比例占40%时，发育也较正常。沙打旺经青贮后，有毒成分减少，饲喂更安全。

（五）草木樨

草木樨原产于亚洲西部，现广泛分布于欧、亚、美、大洋洲等地，我国1922年引进种植，主要在东北、华北、西北等地栽培。草木樨除做饲草利用外，还是重要的水土保持植物、绿肥和蜜源植物，有些地区还用作燃料。在我国北方常用作改良盐碱地和瘠薄地的先锋植物，在退耕还草和改良天然草地时也是首选草种之一（图4-5）。

1. 形态特征

草木樨主根粗壮，深达2米以上，侧根发达。茎粗直立，圆而中空，高1~4米。羽状三出复叶，小叶细长，椭圆形、矩圆形、倒卵圆形等，边缘有疏锯齿。花白色或黄色，总状花序腋生。荚果卵圆形或椭圆形，无毛，含种子1~2粒。种子椭圆形、肾形等，黄色至褐色，千粒重2.0~2.5克。全株与种子均具有香草气味。

图4-5 草木樨

2. 栽培技术

（1）播种　播前应精细整地，并施足磷、钾肥。种子硬实率高，需划破种皮或冷冻低温处理，或用10%的稀硫酸浸泡30~60分钟。盐碱地播种时，可用1%~2%的氯化钠溶液浸种2小时。春、夏、秋播均可，也可寄籽播种。播种量为每亩0.75~1.5千克，留种田0.5~1.0千克。以条播为主，行距收草用的15~30厘米，采种田30~60厘米。播深2~3厘米。播种后要进行镇压，防止跑墒。草木樨可与农作物轮作、间作或与林木间作，也可与其他牧草混播。

（2）田间管理　播种当年要及时中耕除草，以利幼苗生长。在分枝期、刈割后要追施磷、钾肥，并及时灌溉、松土等。种子田要注意在现蕾至盛花期保证水分充足，而在后期要控制水分。常见病害有白粉病、锈病、根腐病，防治方法早期刈割或用粉锈宁、百菌清、甲基托布津等药物防治。常见虫害有黑绒金龟子、象鼻虫、蚜虫等，可用甲虫金龟净、马拉硫磷等药物驱杀。

(3) 收获　用作青饲则在株高50厘米开始刈割，调制干草在现蕾期刈割。草木樨刈割后新枝由茎叶腋处萌发，因此，要注意留茬高度，一般为10~15厘米。早春播种当年每亩可产鲜草1 000~3 000千克，第二年2 000~3 000千克，高者可达4 000~5 000千克。采种均在生长的第二年进行。种子成熟不一致，易脱落，采收要及时。当有2/3的荚果变成深黄褐色或褐色，下部种子变硬时，在有露水的早晨采收。一般每亩收种子40~60千克。

3. 饲用价值

草木樨质地细嫩，营养价值较高，含有丰富的粗蛋白和氨基酸，是家畜的优良饲草，可青饲、放牧利用，也可以调制成干草或青贮饲料后饲喂。青饲喂奶牛每日每头用量50千克，羊7.5~10.0千克，猪3.0~4.5千克。草木樨种子营养价值高，加工后可作精料利用。

草木樨株体内含有香豆素，其含量为1.05%~1.40%，具有苦味，影响适口性。因此，饲喂时应由少到多，数天之后，家畜开始喜食。草木樨调制成干草后，香豆素会大量散失，所以，其干草的适口性较好。香豆素在霉菌的作用下，可转变为双香豆素，抑制家畜肝中凝血原的合成，破坏维生素K，延长凝血时间，致使出血过多而死亡。因此，霉变的草木樨不能饲喂。可用浸泡的方法去除香豆素和双香豆素，清水浸泡24小时去除率达42.30%和42.11%；用1%的石灰水浸泡去除率为55.98%和40.35%。

(六) 紫云英

紫云英原产于中国，日本也有分布。我国长江流域及以南各地均广泛栽培，而以长江下游各省栽培最多。川西平原栽培历史亦甚悠久。近年已推广至陕西、郑州郊区及徐淮各地。紫云英是我国水田地区主要冬季绿肥牧草（图4－6）。

图4－6　紫云英

1. 形态特征

紫云英为豆科黄芪属一年生或越年生草本植物。主根肥大，侧根发达，密集于15～30厘米土层内，侧根上密生深红色或褐色根瘤。茎长30～100厘米，直立或匍匐，分枝3～5个。奇数羽状复叶，小叶7～13片，倒卵形或椭圆形，全缘，顶端微凹或微缺，托叶卵形，先端稍尖。总状花序近伞形，腋生，小花7～13朵，花冠淡红或紫红色。荚果细长，顶端喙状，横切面为三角形，成熟时黑色，每荚含种子5～10粒。种子肾形，黄绿色至红褐色，有光泽，千粒重3.0～3.5克。

2. 栽培技术

（1）播种　紫云英是轮作中的重要作物，多与水稻轮作，又是棉花等的良好前作。紫云英一般为秋播，最早可在8月下旬，最迟到11月中旬，一般以9月上旬到10月中旬播种为宜。

硬实种子多，播前应采取磨碾、浸种或变温处理等方法，以提高发芽率。未播过紫云英的土壤应接种根瘤菌。播种量一般为 2 ~ 3 千克/亩，与禾本科牧草如多花黑麦草混播时，每亩播量 1 千克即可。我国南方地区，多在水稻收获后直接撒播或耕翻土壤后撒播，也可整地后条播或点播。在播种的同时施以草木灰拌磷肥，利于萌芽和生长。

（2）田间管理　紫云英的留种田应选择排水良好、肥力中等、非连作的沙质土壤。每亩播种量 1.5 千克。紫云英对磷肥非常敏感，每亩增施过磷酸钙 10 千克及 15 ~ 30 千克草木灰。紫云英易感染菌核病与白粉病，前者可用 1% ~ 2% 的盐水浸种灭菌，后者可用 1∶5 硫磺石灰粉喷治。对甲虫、蚜虫、潜叶蝇等主要虫害可用乐果、敌百虫等防治。

（3）收获　当荚果 80% 变黑时，即可收获。一般每亩种子产量 40 ~ 50 千克。

3. 饲用价值

紫云英茎叶柔嫩，产量高，干物质中含蛋白质很高。紫云英作饲料，多用以喂猪，为优等猪饲料。牛、羊、马、兔等喜食，鸡及鹅少量采食。可青饲，也可调制干草、干草粉或青贮料。

紫云英一般鲜草产量 1 500 ~ 2 500 千克/亩。在我国南方利用稻田种紫云英已有悠久历史，具有丰富的经验，利用植株上部 2/3 作饲料喂猪，下部 1/3 作绿肥，既养猪又肥田。生产上有的地区直接用紫云英作绿肥，但不如先用紫云英喂猪，后以猪粪肥田，既可保持水稻高产，又能促进养猪业的发展。种紫云英可为土壤提供较多的有机质和氮素，在我国南方农田生态系统中维持农田氮循环有着重要的意义。

（七）小冠花

小冠花，别名多变小冠花，原产于南欧和地中海中南、亚洲西南和北非，前苏联等地均有分布。我国最早于 1948 年从美国引入，又于 1964 年、1973 年、1974 年和 1977 年先后从欧洲和美国引进，分别在江苏、山西、陕西、北京、河南、河北、辽宁、甘肃等地试种，表现良好（图4－7）。

图4－7　小冠花

1. 形态特征

豆科小冠花属多年生草本植物，株高70～130厘米。根系粗壮发达，侧根主要分布在0～40厘米的土层中，黄白色，具多数形状不规则的根瘤，侧根上生长有许多不定芽的根蘖。茎直立或斜生，中空，具条棱，草层高60～70厘米。奇数羽状复叶，具小叶9～27片，小叶长圆形或倒卵圆形，长0.5～2.0厘米，宽0.3～1.5厘米，先端圆形或微凹，基部楔形，全缘，光滑无毛。伞形花序，腋生，总花梗长达15厘米，由14～22朵小花分两层呈环状紧密排列于花梗顶端，花初为粉红色，后变为紫色。荚果细长呈指状，长2～8厘米，荚上有节3～13，荚果成熟干燥后易自节处断裂成单节，每节有种子1粒。种子细长，长约3.5毫米，宽约1毫米，红褐色。千粒重4.1克。

2. 栽培技术

（1）种子处理　小冠花种子硬实率高达70%～80%，播前一定要进行种子处理，其方法主要有：擦破种皮，或用硫酸处理，温汤处理以及用高温、低温、变温处理等降低种子硬实率。

（2）播种 小冠花种子小，苗期生长缓慢，因此，播前要精细整地，消灭杂草，施用适量的有机肥和磷肥做底肥。必要时灌一次底墒水，以利出苗。

①种子直播：根据各地气候条件，小冠花在春、夏、秋均可播种，以早春、雨季播种最好，夏季成活率较低，秋播应在当地落霜前50天左右进行，以利于安全越冬。播种量每亩0.3～0.5千克。冬播、穴播或撒播均可。冬播时行距100～150厘米；穴播时，株行距各为100厘米。种子覆土深度1～2厘米。

②育苗移栽：可用营养钵育苗，当苗长出4～5片真叶时移栽大田。1千克种子可育苗9亩，雨季移栽最好。

③扦插繁殖：小冠花除种子播种外，也可用根蘖或茎秆扦插繁殖。根蘖繁殖时将挖出的根切去茎，分成有3～5个不定芽的小段，埋在湿润土壤中，覆土4～6厘米。用茎扦插时选健壮营养枝条，切成20～25厘米长带有2～3个腋芽的小段，斜插入湿润土壤中，露出顶端。插后浇水或雨季移栽成活率高。用根蘖苗或扦插成活苗移栽时，每1～1.5平方米移栽1株，即每亩大约用苗400～600株，种子田尤其适宜稀植。

（3）田间管理 小冠花幼苗生长缓慢，在苗期要注意中耕除草。育苗移栽后应立即灌水1～2次，中耕除草2～3次。其他发育阶段和以后各年，可不需要更多管理。

（4）收获 小冠花青草适宜刈割时期是从孕蕾到初花期，刈割高度不应低于10厘米。采收种子，由于花期长，种子成熟极不一致，从7月便可采摘，到9月中旬才能结束，且荚果成熟后易断裂，可利用人工边成熟边收获，如果一次收种，应在植株上的荚果60%～70%变成黄褐色时连同茎叶一起收割。

3. 饲用价值

小冠花茎叶繁茂柔嫩，叶量丰富，茎叶比为1：（1.98～

3.47)，无怪味，各种家畜均喜食。可以青饲，调制青贮或青干草，其适口性不如苜蓿。其营养物质含量丰富，与紫花苜蓿近似。特别是含有丰富的蛋白质、钙以及必需氨基酸，其中赖氨酸含量较高。其青草和干草，无论是营养价值还是对反刍家畜的消化率，都不低于苜蓿。

小冠花由于含有β-硝基丙酸，青饲能引起单胃家畜中毒，鲜草不能单独饲喂单胃家畜，尤以幼兔为害为大。小冠花与苜蓿、沙打旺各1/3饲喂，或与半干青草饲喂后，无不良反应。对牛羊等反刍家畜来说，无论青饲、放牧或饲喂干草，均无毒性反应，还可获得较高的增重效果，是反刍家畜的优良饲草。

小冠花产草量高，再生性能强。在水热条件好的地区，每年可刈割3~4次，每亩产鲜草4 000~7 500千克。黄土高原山坡丘陵地，每亩可产鲜草1 500~2 000千克。

(八) 毛苕子

毛苕子原产于欧洲北部。毛苕子在我国栽培历史悠久，分布广阔，以安徽、河南、四川、陕西、甘肃等省栽培较多，东北、华北也有种植，是世界上栽培最早、在温带国家种植最广的牧草和绿肥作物（图4-8)。

1. 形态特征

毛苕子为一年生或越年生草本植物，全株密被长柔毛。主根长0.5~1.2米，侧根多。茎四棱，细软，长达2~3米，攀缘，草丛高约40厘米。每株分枝20~30个。偶数羽状复叶，小叶7~9对，顶端有分枝的卷须；托叶为戟形；小叶长圆形或披针形，长10~30毫米，宽3~6毫米，先端钝，具小尖头，基部圆形。总状花序腋生，花梗长，10~30朵花着生于花梗上部的一侧，花紫色或蓝紫色。萼钟状，有毛，下萼齿比上萼齿长。荚果矩圆状菱形，长约15~30毫米，无毛，含种子2~8粒。种子球形，黑色，千粒重25~30克。

2. 栽培技术

（1）轮作　毛苕子可与高粱、谷子、玉米、大豆等轮作，其后茬可种水稻、棉花、小麦等作物。在甘肃、青海、陕西关中等地可春播或与冬作物、中耕作物以及春种谷类作物进行间、套、复种，于冬前刈作青饲料，根茬肥田种冬麦或春麦。也可于次年春季翻压作棉花、玉米等底肥。种过毛苕子的地种小麦，可增产 15% 左右。

图 4－8　毛苕子

（2）整地施肥　毛苕子根系入土较深，为使根系发育良好，必须深翻土地，创造疏松的根层。播前要施厩肥和磷肥，每亩施有机肥 1 500 ~ 2 000 千克、过磷酸钙 25 ~ 50 千克或梨酸二铵 10 ~ 15 千克。

（3）播种　毛苕子春播、秋播均可。南方宜秋播，在江淮流域以 9 月中、下旬播种为宜。播种过迟，生长期短，植株低矮，产量低。西北、华北及内蒙古自治区等地多为春播，以 4 月初至 5 月初较适宜。冬麦收获后复种亦可。

一般收草用的播量3～4千克/亩，收种用的2～2.5千克/亩。播前进行种子硬实处理能提高发芽率。单播时撒播、条播、点播均可，以条播或点播较好。条播行距20～30厘米，点播穴距25厘米左右，收种行距45厘米，播深3～4厘米。

（4）田间管理　在播前施磷肥和厩肥的基础上，苗期及时中耕除草2～3次，生长期可追施草木灰或磷肥1～2次。在土壤干燥时，应于分枝期和盛花期灌水1～2次。春季多雨地区应进行挖沟排水，以免茎叶萎黄腐烂，落花落荚。

（5）收获　毛苕子青饲时，从分枝盛期至结荚前均可分期刈割，或草层高度达40～50厘米时即可刈割利用。调制干草者，宜在盛花期刈割。毛苕子的再生性差，刈割越迟再生能力越弱，若利用再生草，必须及时刈割并留茬10厘米左右，齐地刈割严重影响再生能力。刈后待侧芽萌发后再行灌溉，以防根茬水淹死亡。与麦类混播者应在麦类作物抽穗前刈割，以免麦芒长出降低适口性并对家畜造成为害。

3. 饲用价值

毛苕子茎叶柔软，蛋白质含量丰富，无论鲜草或干草，适口性均好，各种家畜都喜食。可青饲、放牧或刈割干草。四川等地将毛苕子制成苕糠，是喂猪的好饲料。据广东省农科院试验，用毛苕子草粉喂猪，料肉比为5∶1。毛苕子于早春分期播种，5～7月间分批收割，以补充该阶段青饲料的不足。毛苕子也可在营养期用于短期放牧，再生草用来调制干草或收种子。南方冬季在毛苕子和禾谷类作物的混播地上放牧奶牛，能显著提高产奶量。但在毛苕子单播草地上放牧牛、羊时要防止臌胀病的发生。

（九）箭筈豌豆

箭筈豌豆原产于欧洲南部和亚洲西部。我国甘肃、陕西、青海、四川、云南、江西、江苏、台湾等省（区）的草原和山地均有野生分布。现在西北、华北地区种植较多，其他省（区）亦有种植，其适应性强，产量高，是一种优良的草料兼用作物

(图4-9)。

图4-9　箭筈豌豆

1. 形态特征

一年生草本。主根肥大，入土不深，侧根发达。根瘤多，呈粉红色。茎较毛苕子粗短，有条棱，多分枝，斜生或攀缘，长约80~120厘米。偶数羽状复叶，具小叶8~16枚，顶端具卷须，小叶倒披针形或长圆形，先端截形凹入并有小尖头。托叶半箭头形，一边全缘，一边有1~3个锯齿，基部有明显腺点。花1~3朵生于叶腋，花梗短；花冠蝶形，紫色或红色，个别白色。荚果条形，稍扁，长4~6厘米，每荚含种子7~12粒。种子球形或扁圆形，色泽因品种不同而呈黄色、粉红、黑褐或灰色，千粒重50~60克。

2. 栽培技术

(1) 整地施肥　整地应在播种前一年完成浅耕、灭茬、灭草、蓄水保墒。翌年播种前施底肥、深耕、耙耱、整平地面，每亩施有机肥1 500~2 000千克、过磷酸钙20~30千克。

（2）播种　箭筈豌豆是各种谷类作物的良好前作，它对前作要求不严，可安排在冬作物、中耕作物及春谷类作物之后种植。北方宜春播或夏播，南方宜 9 月中下旬秋播，迟则易受冻害。箭筈豌豆种子较大，用作饲草或绿肥时，每亩播种量 4 ~ 5 千克，收种时 3 ~ 4 千克。箭筈豌豆通常与燕麦、大麦、黑麦、苏丹草等混播，混播时箭筈豌豆与谷类作物的比例应为 2∶1 或 3∶1，这一比例的蛋白质收获量最高。

（3）田间管理　箭筈豌豆的播后田间管理与毛苕子相似。

（4）收获　箭筈豌豆收获时间因利用目的而不同。用以调制干草的，应在盛花期和结荚初期刈割；用作青饲的则以盛花期刈割较好。如利用再生草，注意留茬高度，在盛花期刈割时留茬 5 ~ 6 厘米为好；结荚期刈割时，留茬高度应在 13 厘米左右。种子收获要及时，过晚会炸荚落粒，当 70% 的豆荚变成黄褐色时清晨收获，每亩可收种子 100 ~ 150 千克，高者可达 200 千克。

3. 饲用价值

箭筈豌豆茎叶柔软，叶量大，营养丰富，适口性好，是各类家畜的优良牧草，茎叶可青饲、调制干草和放牧利用。子实中粗蛋白质含量高达 30%，较蚕豆、豌豆种子蛋白质含量高，粉碎后可作精饲料。箭筈豌豆子实中含有生物碱和氰苷两种有毒物质。生物碱含量为 0.1% ~ 0.55%，略低于毛苕子。由于氰苷经水解酶分解后放出氢氰酸，不同品种的含量在 7.6 ~ 77.3 毫克/千克之间，高于卫生部规定的允许量（即氢氰酸含量 < 5 毫克/千克），需做去毒处理，如氢氰酸遇热挥发，遇水溶解即可降低，即其籽实经烘炒、浸泡、蒸煮、淘洗后，氢氰酸含量下降到规定标准以下。此外，也可选用氢氰酸含量低的品种或避开氢氰酸含量高的青荚期饲用，并禁止长期大量连续饲喂，均可防止家畜中毒。

（十）圭亚那柱花草

原产南美洲。20 世纪 60 年代以来，先后引入我国试种的有斯柯非、库克、奥克雷、恩迪弗和格来姆等品种，其中，格来姆更耐低温和抗病，且开花早、易留种，故而发展更快。在广西壮族自治区南部和西部及广东省主要用于改良天然草地。

1. 形态特征

圭亚那柱花草为多年生丛生性草本植物。主根发达，深达1米以上。茎直立或半匍匐，草层高1～1.5米。粗糙型的茎密被茸毛，老时基部木质化，分枝多，长达0.5～2米。羽状三出复叶，小叶披针形，中间小叶稍大，长4.0～4.6厘米，宽1.1～1.3厘米，顶端极尖。托叶与叶柄愈合包茎成鞘状，先端二裂。细茎型的茎较纤细，小叶较小，很少细毛。花序为数个花数少的穗状花序聚集成顶生复穗状花序，花小，蝶形，黄色或深黄色。荚果小具喙，2节，只结1粒种子。种子椭圆形，两侧扁平，淡黄至黄棕色。大小因品系而不同，长1.8～2.7毫米，宽约2毫米，千粒重2.04～2.53克（图4－10）。

图4－10　圭亚那柱花草

2. 栽培技术

（1）播前整地　可选择退化的草地、撂荒地或休闲地。播前1～2个月翻耕晒土，耙碎土块。每亩施1 000～1 500千克厩肥或土杂肥作基肥，也可每亩施30～40千克过磷酸钙或钙镁磷拌种。

（2）种子处理　圭亚那柱花草种子发芽率较低，通常用机械的方法划破种皮，可使发芽率提高到95%以上，也可用80℃热水浸种2～3分钟，然后用1 000倍福尔马林液浸种10分钟，再用清水洗净晾干，或每50千克种子用70%敌克松可湿性粉剂0.3千克拌种。

（3）播种　在长江以南地区播种期在2～3月，温度稳定在16℃时为宜，过晚会影响生长，降低产量。每亩播种量0.5～0.8千克。条播行距60厘米，深度1～2厘米；穴播行距80厘米，穴距50厘米，每穴下种5～7粒。亦可撒播或用飞机播种。

（4）田间管理　圭亚那柱花草初期生长缓慢，3个月后生长速度加快。留种地、育苗地前期应及时除草2～3次，与中耕松土结合进行。对植株长势较差及刈割后的地块，要适当追施速效性肥料，每亩施尿素10千克或复合肥3～4千克。后期生长旺盛，能抑制杂草，不需多加管理。人工草地如果前期杂草过于旺盛，可以轻度放牧，以控制禾本科杂草的生长。主要病害是炭疽病，可以用波尔多液、70%托布津等防治。圭亚那柱花草苗期有蓟马为害，可用敌百虫或乐果乳剂防治。

（5）收获　播后4～5个月，草层高40～50厘米时，可进行第一次刈割，留茬至少30厘米，以利再生。播种当年可刈割1～2次，每亩产鲜草2 000～3 000千克，或干草450～650千克。因花期长，种子成熟不一致且易落粒，所以应分期分批采收，或在上部花苞种子大部分成熟时一次性收获。

3. 饲用价值

据分析圭亚那柱花草全株干物质含粗蛋白质8.06%～

18.1%，粗纤维34.38%~37.7%。其所含养分及消化率均低于紫花苜蓿。

粗糙型的圭亚那柱花草生长早期适口性比较差，到后期逐渐为牛喜食；细茎型的适口性很好，生长各时期都为牛、羊、兔等家畜喜食，叶量较丰富，开花期茎叶比例1：0.76，茎占总重56.71%。除放牧、青刈外，调制干草也为家畜喜吃。10~11月份茎叶达到最高产量，此时又是少雨季节，利于调制干草过冬。收种脱粒后的茎秆，牛也喜欢吃，含有粗蛋白6.55%，比稻草还高。此外，还可制成优良的干草粉，在尼日利亚每年刈割45厘米以上部分的枝条打成干草粉，含粗蛋白17.17%，可作为商品出售。草粉青绿色，有香味，与水调和富于黏稠性，猪很喜欢吃。

二、主要禾本科牧草栽培与利用

（一）多年生黑麦草

又名宿根黑麦草、英格兰黑麦草。原产于南欧、北非和亚洲西南部。1677年英国首先栽培，现在英国、西欧各国、新西兰、澳大利亚、美国及日本等国广泛栽培。我国南方、华北、西南地区亦有栽培，但低海拔地区因高温伏旱而难于越夏。

1. 形态特征

多年生黑麦草为中生植物，须根稠密，主要分布于15厘米表土层中，具细短根茎。分蘖众多，丛生，单株栽培情况下分蘖数可达250~300个或更多。秆直立，高80~100厘米。叶狭长，长5~12厘米，宽2~4毫米，深绿色，展开前折叠在叶鞘中；叶耳小；叶舌小而钝；叶鞘裂开或封闭，长度与节间相等或稍长，近地面叶鞘红色或紫红色。穗细长，最长可达30厘米。含小穗数可达35个，小穗长10~14毫米，每小穗含小花7~11朵。颖果扁平，外稃长4~7毫米，背圆，有脉纹5条，质薄，端钝，无芒或近似无芒；内稃和外稃等长，顶端尖锐，质地透明，脉纹靠边缘，边有细毛。千粒重 1.5 ~2.0 克（图4－11）。

图4－11　多年生黑麦草

2. 栽培技术

（1）播种　春秋均可播种，而以早秋播种为宜。单播时播种量以 1 ~ 1.5 千克/亩为度，晚播或青刈利用时适当增加播种量，收种时播种量可略少。条播、撒播均可，条播以行距 15 ~ 20 厘米为宜，覆土 2 厘米。南方雨水较多地区应开好排水沟。

（2）田间管理　每亩黑麦草施 25 ~ 30 千克过磷酸钙作基肥。增施氮肥可增加饲草产量和蛋白质含量，并可减少纤维素含量。每次割青后都要追施氮肥，一般每亩施尿素 5 千克或硫酸铵 8.5 千克。

（3）混播　多年生黑麦草可与其他草种混播，短期多年生牧草地适于和红三叶、苜蓿、鸡脚草、猫尾草等混播，草坪可与苇状羊茅等混播，也可作狗牙根等草坪地的追播材料。混播皆以在秋季播种为佳。

(4) 收获 黑麦草再生能力强，收割次数主要受播种期、生育期气温、施肥水平的影响。当黑麦草长到25厘米以上就可收割，留茬高度5厘米，以利残茬再生。留种的应在基叶变黄，穗呈黄绿色时收种。

3. 饲用价值

多年生黑麦草的质地，无论鲜草或干草均为上乘，其适口性也好，为各种家畜所喜食。多年生黑麦草实际饲用价值好，在冬季温和的地区常用来单播，或于9月份与红三叶等混种，专供肉牛冬季放牧利用。放牧时间可达140~200天，牛放牧于单播草地可增重0.8千克，混播草地上增重0.9千克。如将黑麦草干草粉制成颗粒饲料，与精料配合作肉牛肥育饲料，效果更好。

（二）多花黑麦草

又叫一年生黑麦草。原产于欧洲南部，非洲北部及小亚西亚等地。13世纪已在意大利北部草地生长，故名意大利黑麦草。现分布于世界温带与亚热带地区，我国长江流域以南农区有大面积栽培。

1. 形态特征

根系发达致密，分蘖较少，直立，茎秆粗壮，圆形，高可达130厘米以上。叶片长10~20厘米，宽6~8毫米，色较淡，幼叶展开前卷曲；叶耳大，叶舌膜状，长约1毫米；叶鞘开裂，与节间等长或较节间为短，位于基部叶鞘红褐色。穗长17~30厘米，每穗小穗数可多至38个，每小穗有小花10~20朵，多花黑麦草之名即由此而来。种子扁平略大，千粒重1.98克。外稃披针形，背圆，顶端有6~8毫米微有锯齿的芒，内稃与外稃等长。多花黑麦草发芽种子幼根在紫外线下发出荧光，而多年生黑麦草则没有（图4-12）。

2. 栽培技术

(1) 播种 长江以南各地适于秋播，以便冬季和来年春季可提供鲜草。每亩播量为1～1.5千克。可撒播，亦可条播。撒播时可在水稻收获前15～20天套播于水稻田中。条播时行距15～20厘米，播深2厘米。多花黑麦草生长迅速，产量高，较宜单播，亦可与红三叶、白三叶、苕子、紫云英等混种。

（2）田间管理　多花黑麦草喜氮肥，较多年生黑麦草施氮效果更显著，但应注意不可猛施氮肥。每亩施硫酸铵10千克。有条件的地方，在干旱时，及时灌溉可明显提高产量。

图4－12　多花黑麦草

（3）收获　每年收获4～7次，收获时留茬应不低于5厘米。放牧宜在株高25～35厘米时进行。留种的应在基叶变黄，穗呈黄绿色时收种，亩产种子50～75千克。

3. 饲用价值

多花黑麦草草质好，柔嫩多汁，适口性好，为各种家畜所喜食，也是草食鱼的好饲料。多花黑麦草利用以刈割青饲、制干草或青贮料为主。多花黑麦草直接青贮因水分含量高，青贮难度较大。但适当凋萎，降低青草含水量后则可达到满意的青贮效果。

（三）羊草

又名碱草，天然羊草草地是我国重要的饲料基地，仅东北松嫩平原，就拥有优质羊草草地330多万公顷，除主要用于放牧外，还收获大量的优质青干草。目前，羊草的优质青干草在我国的畜牧业发展中，特别是奶牛业的发展中，起到举足轻重的作用。部分羊草草捆还出口国外，取得了较好的经济效益。

1. 形态特征

羊草为禾本科羊草属多年生草本。有发达的地下横走长根茎，长达1.0~1.5米，其节长8~10厘米。茎秆直立，高60~90厘米。叶鞘紧包茎，通常长于节间，光滑，有叶耳，叶舌截平，纸质；基部叶鞘残留呈纤维状。叶片长7~14厘米，宽3~5毫米；宽叶型种叶宽可达1厘米，质地较厚而硬，上面及边缘粗糙，下面光滑或有毛。穗状花序，直立或微弯，长12~18厘米，宽6~9毫米，穗轴强壮，边缘具纤毛；两端为单生小穗，中部为对生小穗。小穗有5~10个小花，颖片锥状，外稃披针形，光滑，顶端渐尖或成芒状的小尖头，基盘光滑；内外稃等长，颖果长椭圆形，褐色，长5~7毫米。种子细小，千粒重2克左右（图4-13）。

2. 栽培技术

（1）整地施肥　羊草对土地要求不严，除低洼内涝地外均可种植，但以排水良好，土层深厚，多有机质的肥沃耕地种植最佳。若秋翻地，深度不少于20厘米，翻地后及时耙地和压地。在退化草地补播或退耕牧地种植羊草，提倡前一年伏天翻地。在6~7月杂草盛行期翻耕，翻后及时耙地和压地，彻底消灭原植被。

羊草利用年限长，必须施足基肥和及时追肥。羊草需氮肥多，以氮肥为主，适当搭配磷肥和钾肥。每亩施半腐熟的堆、厩肥2 500~3 000千克，翻地前均匀撒入。

（2）播种　羊草种子成熟不一，发芽率较低，又多秕粒和杂质，播前必须严加清选。清选方法以风选和筛选为主，清除空壳、秕粒、茎秆、杂质等，纯净率达90%以上才能播种。

可分为春播或夏播。杂草较少，整地质量良好的地可行春播。春旱区在3月下旬或4月上旬抢墒播种；非春旱区在4月中、下旬播种。在杂草较多的地块播种前要除草，在5月下旬或7月上旬播种。在华北、西北、内蒙古自治区等地，夏播羊草一般不要迟于7月中旬。播种量以2.5～3.0千克/亩为宜。整地质量较差，杂草较多，种子品质不良时，可增至3.5～4.0千克。

羊草宜与紫花苜蓿、沙打旺、野豌豆等豆科牧草混播。羊草无论单种还是混种，多条播，行距30厘米。覆土2～3厘米。播种后镇压1～2次。渠堤坡面或冲刷沟壁播种时，要横向开沟条播，或刨穴点种。也可将种子均匀撒落地面，用齿耙盖籽覆土。

图4-13　羊草草原

（3）田间管理　在羊草长出2～3枚真叶时中耕可消灭杂草90%以上。生育后期还要割除高大杂草，以免受草害，获得草层厚密，产草量高的效果。单播的羊草草地，也可用2,4-D类除草剂灭草。在杂草苗高8～12厘米时，喷洒0.5%的2,4-D钠盐，可全部杀死菊科、藜科、蓼科等各种阔叶杂草。

利用多年的羊草草地，根茎盘根错节，通透不良，株数减少，株高变矮，产量逐年下降。可在早春或晚秋，土壤水分充足，地下部分储存丰富，越冬芽尚未萌发时期，用犁浅耕 8～10 厘米，耕后用圆盘耙斜向耙地 2 次，切断根茎，以促进其旺盛生长。也可用重型铁口耙，斜向耙地 2 次。耙后用“V”形镇压器压地。这种翻、耙、压相结合的更新复壮措施，可使退化的羊草草地复壮，产量成倍增加。一般每隔 5～6 年就要翻耙 1 次。但是，在土壤干旱，沙化、碱化较重和豆科草占优势的羊草草地，一般不宜采用。

3. 饲用价值

羊草为刈牧兼用型牧草，栽培的羊草主要用于调制干草，孕穗期至始花期刈割为宜。旱作人工羊草草地，干草产量 200～300 千克/亩，灌溉地达 400 千克/亩以上。再生性良好，水肥条件好时每年刈割 2 次，通常再生草用于放牧。羊草种子产量低，一般为 10～12 千克/亩。

羊草茎秆细嫩，叶量丰富，为各种家畜喜食，营养价值高，夏秋能抓膘催肥，冬春能补饲营养。尤其用羊草调制的干草，颜色浓绿，气味芳香，是上等优质饲草，现为我国唯一作为商品出口的禾本科牧草。

羊草的绿色干草是牛、马、羊重要的冬春贮备饲料。在适当搭配精料的前提下，一般每 10～13 千克干草，可生产 0.5～0.6 千克牛肉或 7.5～10.0 千克牛奶。整株喂或粉碎拌湿喂均可。绿色的羊草草粉拌湿加入米糠或制成颗粒料，饲喂猪、兔、鱼均可获得较高的经济效益。

（四）无芒雀麦

无芒雀麦已成为欧洲、亚洲干旱、寒冷地区的重要栽培牧草。我国东北 1923 年开始引种栽培，现在是北方地区很有栽培价值的禾本科牧草。无芒雀麦适应性广，生命力强，是一种适口性好、饲用价值高的牧草。其根系发达，固土力强，覆盖良好，是优良的水土保持植物。返青早，枯死晚，绿色期长达210多天，因耐践踏，再生性好，也是优良的草坪地被植物（图4－14）。

图4－14　无芒雀麦

1. 形态特征

无芒雀麦为禾本科雀麦属多年生牧草。根系发达，具短根茎，多分布在距地表10厘米的土层中。茎直立，圆形，高50～120厘米。叶鞘闭合；叶舌膜质，无叶耳；叶片4～6枚，狭长披针形，向上渐尖，长7～16厘米，宽5～8毫米，通常无毛。圆锥花序，长10～30厘米，穗轴每节轮生2～8个枝梗，每枝梗着生1～2个小穗；小穗狭长卵形，内有小花4～8个；颖披针形，边缘膜质；外稃宽披针形，具5～7脉，通常无芒或背部近顶端具有长1～2毫米的短芒；内稃较外稃短。颖果狭长卵形，长9～12毫米，千粒重3.2～4.0克。

2. 栽培技术

（1）整地　无芒雀麦种子发芽要求充足的水分和疏松的土壤，因此，必须有良好的整地质量。大面积种植必须适时耕翻，翻地深度应在20厘米以上。春旱地区利用荒废地种无芒雀麦时，要做到秋翻地。来不及秋翻的则要早春翻，以防失水跑墒。无论春翻还是秋翻，翻后都要及时耙地和压地。有灌溉条件的地方，翻后尚应灌足底墒水，以保证发芽出苗良好。

（2）施肥　无芒雀麦为喜肥牧草，播前每亩可施厩肥1 500～2 500千克作基肥，以后可于每年冬季或早春再施厩肥。可在分蘖至拔节期，每亩施硫酸铵10～15千克，同时适当施用磷、钾肥，追肥后随即灌水。采种田可减少追肥用量，多施一些磷肥和钾肥。一般每次刈割之后，都要相应追肥1次。

（3）播种　无芒雀麦春播、夏播或早秋播均可，应因地制宜。东北、西北较寒冷的地区多行春播，也可夏播。北方春旱地区，应在3月下旬或4月上旬，也就是土壤解冻层达预期深度时播种。如果土壤墒情不好，也可错过旱季，雨后播种。东北中、南部于7月上旬雨后播种；华北、西北等地于早秋播种，也能安全越冬。在草荒地种植，最好清除杂草后再播种。

条播、撒播均可，多采取条播，行距15～30厘米，种子田可加宽行距到45厘米。播种量1.5～2.0千克/亩，种子田可减少到1.0～1.5千克/亩。播深2～4厘米，播后镇压1～2次。无芒雀麦适宜与紫花苜蓿、沙打旺、野豌豆、百脉根、红三叶等豆科牧草混播，借助豆科牧草的固氮作用，促进无芒雀麦良好生长。

（4）田间管理　无芒雀麦播种当年生长较慢，易受杂草为害，因此，播种当年要特别重视中耕除草工作。无芒雀麦具有发达的地下根茎，生长3～4年以后，由于根茎相互交错，结成硬的草皮，致使土壤通透性变差，植株低矮，抽穗植株减少，鲜草和种子产量都降低，必须及时更新复壮。应于早春萌发前用圆盘耙耙地松土，划破草皮，改善土壤通气、透水状况，以促进其旺盛生长。

（5）收获　无芒雀麦干草的适当收获时间为开花期。收获过迟不仅影响干草品质，也有碍再生，减少二茬草的产量。春播时当年可收1次干草，生活3～4年后草皮形成时才能放牧，耐牧性强，第一次放牧的适宜时间在孕蕾期，以后各次应在草层高12～15厘米时。

3. 饲用价值

无芒雀麦草质柔嫩，营养丰富，适口性好，一年四季为各种家畜所喜食，尤以牛最喜食，是一种放牧和割草兼用的优良牧草。即使收割稍迟，质地并不粗老。经霜后，叶色变紫，而口味仍佳。鲜草也是猪、兔、鸡、鸭、鹅、鱼的优质饲料。在簇叶至拔节期刈割，粉碎或打浆喂猪。幼嫩的无芒雀麦，其营养价值不亚于豆科牧草，饲喂效果好。

无芒雀麦为富含碳水化合物的青贮原料，可调制成优质的青贮饲料。在孕穗至结实期刈割，经消失部分水分后青贮，可调制成酸甜适口的半干青贮饲料。窖贮或袋贮均可，与豆科牧草混贮品质更好。

（五）鸭茅

鸭茅原产于欧洲，北非及亚洲温带地区，现在全世界温带地区均有分布。目前，青海、甘肃、陕西、山西、河南、吉林、江苏、湖北、四川及新疆维吾尔自治区等省（区）均有栽培。鸭茅叶多高产，能耐阴，适应性广，一旦长成可成活多年。耐牧性强。可供青饲、制干草或青贮料，为世界重要禾本科牧草之一。我国南方各地试种情况良好，是退耕还草中一种比较有栽培意义的牧草（图4－15）。

1. 形态特征

鸭茅系禾本科鸭茅属多年生草本植物。根系发达。疏丛型，茎基部扁平，光滑，高1～1.3米。幼叶在芽中成折叠状，横切面成“V”字形。基叶众多，叶片长而软，叶面及边缘粗糙。无叶耳，叶舌明显，膜质。叶鞘封闭，压扁成龙骨状。叶色蓝绿至浓绿色。圆锥花序，长8～15厘米。小穗着生在穗轴的一侧，密集成球状，簇生于穗轴顶端，形似鸡足，故名鸡脚草。每小穗含3~5朵花，异花授粉。两颖不等长，外稃背部凸起成龙骨状，顶端有短芒。种子较小，千粒重1.0克左右。

图4－15　鸭茅

2. 栽培技术

（1）整地　鸭茅生长缓慢，分蘖迟，植株细弱，与杂草竞争能力弱，早期中耕除草又易伤害幼苗，整地务宜精细，以出苗整齐。

（2）播种　春秋播种均可，秋播宜早，以免幼苗遭受冻害，也对越冬不利。长江以南各地，秋播不应迟于9月中下旬，可用冬小麦或冬燕麦作保护作物同时播种，以免受冻害。宜条播，行距15~30厘米，播种量0.75~1千克/亩。种子空粒多，应以实际播种量计算。密行条播较好，覆土宜浅，以1~2厘米左右为宜。

鸭茅可与苜蓿、白三叶、红三叶、杂三叶、黑麦草、牛尾草等混种。在能生长红三叶地区，鸭茅与红三叶混种时，红三叶并不妨碍鸭茅的收取种子问题，而收种后的产草量及质量均有提高。鸭茅丛生，如与白三叶混种，白三叶可充分利用其空隙匍匐生长并供给禾本科草以氮素使其生长良好。鸭茅与豆科牧草混种时，禾豆比按2∶1计算，鸭茅用种量为0.50～0.65千克/亩。

（3）田间管理　鸭茅是需肥最多的牧草之一，尤以施氮肥作用最为显著。在一定限度内牧草产量与施氮肥成正比关系。据试验每亩施氮量为37.5千克时鸭茅干草产量最高，达12 000千克/亩。如施氮量超过37.5千克/亩时不仅降低产量，而且减少植株数量。

鸭茅一般虫害较少。常见病害有：锈病、叶斑病、条纹病、纹枯病等，均可参照防治真菌性病害法进行处理。引进品种夏季病害较为严重，一定要注意及时预防。提早刈割，可防治病害蔓延。

（4）收获　鸭茅生长发育缓慢，产草量以播后2～3年产量最高，播后前期生长缓慢，后期生长迅速。越夏前一般可刈割2～3次，每亩产鲜草2 500千克左右。春播当年通常只能刈割1次，每亩产鲜草1 000千克左右。刈割时期以刚抽穗时为最好，延期收割不仅茎叶粗老严重影响牧草品质，且影响再生草的生长。

3. 饲用价值

在第一次刈割以前，鸭茅所含的营养成分随成熟度而下降。再生草基本处于营养生长阶段，叶多茎少，所含的营养成分约与第一次刈割前孕穗期相当，但也随再生天数的增加而降低。鸭茅自营养生长向成熟阶段发展时，蛋白质含量减少粗纤维含量增加，因而消化率下降。牧草品质与矿物质组成有关，以干物质为基础计算，鸭茅钾、磷、钙、镁等的含量随生长时期而下降，铜在整个生长期内变动不大。第一茬草含钾、铜、铁较多，再生草含磷、钙和镁较多。大量施氮可引起过量吸收氮和钾而减少镁的吸收，牧草中的镁缺乏可引起牛缺镁症（统称牧草搐搦症）。鸭茅含镁较少，饲喂时应予以注意。

鸭茅长成以后多年不衰，春季生长早，夏季仍能生长，叶多茎少，耐牧性强，最适于作放牧之用。尤宜与白三叶混种以供放牧。鸭茅丛生，白三叶匍匐蔓延，可充分利用其空隙生长并供给禾本科草以氮素，如管理得当，可维持多年。白三叶衰败后，可对鸭茅施行重牧，然后再于秋季补播豆科牧草使草地更新。

（六）老芒麦

我国老芒麦野生种主要分布于东北、华北、西北及青海、四川等地，是草甸草原和草甸群落中的主要成员之一。俄罗斯、蒙古、朝鲜和日本等国也有分布。我国最早于20世纪50年代由吉林省开始驯化，目前已成为北方地区一种重要的栽培牧草。

1. 形态特征

老芒麦为多年生疏丛型禾草，须根密集发达，入土较深。茎秆直立或基部稍倾斜，株高70～150厘米，具3～6节。分蘖能力强，分蘖节位于表土层3～4厘米处，春播当年可达5～11个。叶片狭长条形，长10～20厘米，宽5～10毫米，粗糙扁平，无叶耳，叶舌短而膜质，上部叶鞘短于节间，下部叶鞘长于节间。穗状花序疏松而弯曲下垂，长12～30厘米，每节2小穗，每穗4～5朵小花。颖狭披针形，粗糙，内外颖等长，外稃顶端具长芒，稍展开或向外反曲。颖果长椭圆形，易脱落。千粒重3.5～4.9克（图4－16）。

2. 栽培技术

（1）轮作　老芒麦为短期多年生牧草，适于在粮草轮作和短期饲料轮作中应用，利用年限2～3年。后作宜种植豆科牧草或一年生豆类作物，也可与山野豌豆、沙打旺、紫花苜蓿等豆科牧草混播。

（2）播种　老芒麦种子具长芒，播前应去芒。播种时应加大播种机的排种齿轮间隙或去掉输种管，时刻注意种子流动，防止堵塞，以保证播种质量。牧区新垦地种植时，应在土壤解冻后深翻草皮，反复切割，交错耙耱，粉碎草垡，整平地面，蓄水保墒。翌年结合深耕施足底肥，每亩施有机肥 1 000 ~ 1 500千克、过磷酸钙 15 ~20 千克。播前耙耱，使地面平整。春、夏、秋季播种均可。宜条播，行距 20 ~30 厘米，覆土 2 ~3 厘米。

图 4 –16　老芒麦

（3）田间管理　老芒麦播种当年苗期生长缓慢，应用化学除草或人工除草 1 ~2 次。第三年应在早春轻耙松土，并施用有机肥 1 000 ~ 1 500千克/亩，延长利用年限。利用 5 年的草地可延迟割草，采用自然落粒更新复壮草丛，也可人工使其更新。

（4）收获　老芒麦属上繁草，适于刈割利用，宜抽穗至始花期进行。北方大部分地区，每年刈割 1 次；水肥良好地区，可年刈 2 次，年产干草 200 ~400 千克/亩。老芒麦种子极易脱落，采种宜在穗状花序下部种子成熟时及时进行，可产种子 50 ~150 千克/亩。

3. 饲用价值

老芒麦草质柔软，适口性好，各类家畜均喜食，尤以马和牦牛更喜食。老芒麦叶量丰富，一般占鲜草总产量的40%～50%，再生草中为60%～80%。营养成分含量丰富，消化率较高，夏秋季节对幼畜发育、母畜产仔和牲畜增膘都有良好的效果。叶片分布均匀，调制的干草各类家畜都喜食，特别是冬春季节，幼畜、母畜最喜食。牧草返青早，枯黄迟，绿草期较一般牧草长30天左右，从而提早和延迟了青草期，对各类牲畜的饲养都有一定的经济效果。

（七）冰草

冰草是世界温带地区最重要的牧草之一，广泛分布于原苏联东部，西伯利亚西部及亚洲中部寒冷、干旱草原上。原苏联、美国和加拿大引种栽培较早，培育出了不少优良新品种，在生产上大面积应用。我国主要分布在东北、西北和华北干旱草原地带，并是该地区草原群落的主要伴生种，也是改良干旱、半干旱草原的重要栽培牧草之一。

1. 形态特征

多年生疏丛型草本植物。须根系发达，入土较深，达1米左右，密生，外具沙套，有时有短根茎。茎秆直立，分2～3节，抽穗期株高40～60厘米，成熟期60～80厘米，甚至可达1米以上。基部的节微呈膝曲状，上被短柔毛。叶披针形，长7～15厘米，宽0.4～0.7厘米。叶背较光滑，叶面密生茸毛，叶鞘短于节间且紧包茎，叶舌不明显。穗状花序直立，长2.5～5.5厘米，宽8～15毫米，小穗水平排列呈蓖齿状，含4～7花，长10～13毫米，颖舟形，常具2脊或1脊，被短刺毛；外稃长6～7毫米，舟形，被短刺毛，顶端具长2～4毫米的芒，内稃与外稃等长。种子千粒重2克（图4-17）。

2. 栽培技术

（1）播种　播前需要精心的整地，深翻、平整土地，施入有机肥作底肥。在寒冷地区可春播或夏播，冬季气候较温和的地区以秋播为好。播种量每亩0.75~1.5千克。一般条播，亦可撒播，条播行距20~30厘米，覆土2~3厘米，播后适当镇压。还可与苜蓿、红豆草和早熟禾等牧草混播。

图4-17　冰草

(2) 田间管理　冰草易出苗，但幼苗生长缓慢，应加强田间管理，促进幼苗生长。在生长期及刈割后，灌溉及追施氮肥，可显著提高产草量并改善品质。利用3年以上的冰草草地，于早春或秋季进行松耙，可促进分蘖和更新。

(3) 收获　冰草人工草地每年可刈割1~2茬，刈割适宜期为抽穗至初花期。

3. 饲用价值

冰草草质柔软，是优良牧草之一，营养价值较高。既能用作青饲，也能晒制干草、制作青贮或放牧、在幼嫩时马和羊最喜食，牛和骆驼喜食，冰草对于反刍家畜的消化率和可消化成分较高。在干旱草原区把它作为催肥的牧草。一般每亩产鲜草

1 000～1 500千克，可晒制干草200～300千克。冰草的适宜刈割期为抽穗期，延迟收割，茎叶变得粗硬，适口性和营养成分均为降低，饲用价值下降。

由于冰草的根系须状，密生，具沙套，并且入土较深，因此，它还是一种良好的水土保持植物和固沙植物。

（八）苇状羊茅

苇状羊茅原产于欧洲西部，天然分布于乌克兰的伏尔家河流域、北高加索、土库曼山地，西伯利亚，远东等地。我国新疆维吾尔自治区有野生种。20世纪20年代初开始在英、美等国栽培，目前，是欧美重要栽培牧草之一。我国于20世纪70年代引进，现已成为北方暖温带地区建立人工草地和补播天然草场的重要草种。

1. 形态特征

苇状羊茅是多年生疏丛型禾草。须根入土深，且有短根茎，放牧或频繁刈割易絮结成粗糙草皮。茎直立而粗硬，株高80～150厘米。叶条形，长30～50厘米，宽6～10毫米，上面及边缘粗糙。圆锥花序开展，每穗节有1～2个小穗枝，每小穗4～7朵小花，呈淡紫色，外稃顶端无芒或成小尖头。颖果倒卵形，黄褐色，千粒重2.5克（图4－18）。

2. 栽培技术

（1）整地施肥　苇状羊茅为根深高产牧草，要求土层深厚，底肥充足。因此，播种前一年秋季应深翻耕地，并按每亩2 000千克厩肥施足基肥，使速效磷和速效钾分别不低于30毫克/千克和100毫克/千克，速效氮为40～60毫克/千克。播前需耙耱1～2次。

（2）播种　苇状羊茅容易建植，可根据各地条件行春、夏、秋播。苇状羊茅短根茎具侵占性，宜于单播，也可与白三叶、红三叶、紫花苜蓿和沙打旺等豆科牧草混播。条播行距30厘米，播量1.0～2.0千克/亩，混播则酌量减少。

（3）田间管理　苇状羊茅苗期不耐杂草，所以，除草是关键，除播前和苗期加强灭除杂草外，每次刈割后也应进行中耕除草。另外，追肥灌溉是提高产量和品质的一个重要手段，尤其每次刈割后。单播应追施氮肥（每亩 5 千克尿素或 10 千克硫酸铵），若能结合灌水效果更好；混播的则应施用磷钾肥，以促进豆科牧草生长。

图 4－18　苇状羊茅

（4）收获　苇状羊茅枝叶繁茂，生长迅速，再生性强，水肥条件好时可刈割 4 次左右。每亩产鲜草 1 500～4 000千克，种子 25～35 千克。由于花后草质粗糙适口性差，需注意掌握好利用期，青饲以分蘖盛期刈割为宜，晒制干草可在抽穗期刈割。种用的苇状羊茅，可于早春先放牧，后利用再生草收种。60%～70% 的种子变为黄褐色时应及时收种。

3. 饲用价值

苇状羊茅叶量丰富，草质较好，如能掌握利用时期，可保持较好的适口性和利用价值。适期刈割应在抽穗期进行，其鲜草和干草，牛、马、羊均喜食。该草耐牧性强，春季、晚秋以及收种后的再生草均可用来放牧，但要适度。一方面重牧会影响苇状羊茅的再生；另一方面苇状羊茅植株内含吡咯碱，食量过多会使牛退皮、皮毛干燥、腹泻，尤以春末夏初容易发生，此称为羊茅中毒症。

此外，苇状羊茅作为草坪草种，被广泛应用于各种绿化场景和运动场，与草地早熟禾并列为最主要的草坪草种。

（九）苏丹草

苏丹草原产于北非苏丹高原地区，非洲东北、尼罗河流域上游、埃及境内都有野生种分布。全世界约 30 种。由非洲南部传入美国、巴西、阿根廷和印度。1915 年传入澳大利亚，1914 年原苏联首先在叶卡捷林诺夫斯克试验站进行试验，1921～1922 年开始大面积种植。目前，欧洲、北美洲和亚洲大陆均有栽培。我国于 20 世纪 30 年代开始引进，现已作为一种主要的一年生禾草在全国各地广泛栽培（图 4－19）。

图 4－19　苏丹草

1. 形态特征

苏丹草为高粱属一年生禾本科牧草，根系发达，入土深达2米以上，60% ~70%的根分布在耕作层，水平分布75厘米，近地面茎节常产生具有吸收能力的不定根。茎高1.5 ~2米，分蘖多达20 ~100个。叶条形，长45 ~60厘米，宽4 ~4.5厘米，每茎长有7 ~8枚叶片，表面光滑，边缘稍粗糙，主脉较明显，上面白色，背面绿色。无叶耳，叶舌膜质。圆锥花序，长15 ~80厘米，花序类型因品种不同分为周散型、紧密型和侧垂型3种。每枚梗节对生2个小穗，其中，1个无柄，结实，成熟时连同穗轴节间和另一个有柄不孕小穗一齐脱落，顶生小穗常3枚，中央的具柄，两侧的无柄。外稃先端具1 ~2厘米膝曲的芒。颖果扁平，倒卵形，紧密着生于颖内，红黄褐色。千粒重10 ~15克。

2. 栽培技术

（1）种子处理　选取粒大、饱满的种子，并在播前进行晒种，打破休眠，提高发芽率。在北方寒冷地区，为确保种子成熟，可采用催芽播种技术，即在播前1周，用温水处理种子6 ~12小时，后在20 ~30℃的地方积成堆，盖上塑料布，保持湿润，直到半数以上种子微露嫩芽时播种。

（2）轮作　苏丹草对土壤养分和水分的消耗量很大，是多种作物的不良前作，尤忌连作，故收获后要休闲或种植一年生豆科牧草。玉米、麦类和豆类作物都是其良好的前作，但以多年生豆科牧草或混播牧草为最好。生产中，苏丹草可与秣食豆、豌豆和毛苕子等一年生豆科植物混种。

（3）播种　苏丹草喜肥喜水，播种前应行秋深翻，并按每亩1 000 ~ 1 500千克施足厩肥。在干旱地区或盐碱地带，为减少土壤水分蒸发和防止盐渍化，也可进行深松或不翻动土层的重耙灭茬，翌年早春及时耙耱或直接开沟于春末播种。

苏丹草为喜温作物，需在地下10厘米处土温达10 ~ 12℃播种，北方多在4月下旬至5月上旬。多采用条播，干旱地区宜行宽行条播，行距45~50厘米，每亩播量1.5千克；水分条件好的地区可行窄行条播，行距30厘米左右，每亩播量1.5~2.0千克。播种深度4~6厘米。播后及时镇压以利出苗。另外，混播可提高草的品质和产量，每亩播种量为1.5千克苏丹草及1.5~3.0千克豆类种子。也可分期播种，每隔20~25天播1次，以延长青饲料的利用时间。

(4) 田间管理　苏丹草苗期生长慢，不耐杂草，需在苗高20厘米时开始中耕除草，封垄后则不怕杂草抑制，可视土壤板结情况再中耕1次。苏丹草根系强大，需肥量大，尤其是氮磷肥，必须进行追肥。在分蘖、拔节及每次刈割后施肥灌溉，一般每次7.5~10.0千克/亩硝酸铵或硫酸铵，附加10.0~15.0千克/亩过磷酸钙。

(5) 收获　青饲苏丹草最好的利用时期是孕穗初期，这时，其营养价值、利用率和适口性都高。若与豆科作物混播，则应在豆科草现蕾时刈割，刈割过晚，豆科草失去再生能力，往往第二茬只留下苏丹草。调制干草以抽穗期为最佳，过迟会降低适口性。青贮用则可推迟到乳熟期。利用苏丹草草地放牧，以在草高达30~40厘米时较好，此时根已扎牢，家畜采食时不易将其拔起。在北方生长季较短的地区，首次刈割不宜过晚，否则第二茬草的产量低。

收种用的苏丹草，采种应在穗变黄时及时进行。因苏丹草是风媒花，极易与高粱杂交，故其种子田与高粱田应间隔400~500米以上。

3. 饲用价值

苏丹草株高茎细，再生性强，产量高，适于调制干草。在内蒙古呼和浩特地区灌溉条件下，年刈3次，干草总产量1 000千克/亩；旱作条件下，干草产量500千克/亩。

苏丹草作为夏季利用的青饲料最有价值。此时，一般牧草生长停滞，青饲料供应不足，造成奶牛、奶羊产奶量下降，而苏丹草正值快速生长期，鲜奶产量高，可维持高额的产奶量。苏丹草饲喂肉牛的效果和紫苜蓿、高粱差别不大。另外，苏丹草用作饲料时，极少有中毒的危险，比高粱玉米都安全。

苏丹草茎叶产量高，含糖丰富，尤其是与高粱的杂交种，最适于调制青贮饲料。在旱作区栽培，其价值超过玉米青贮料。

苏丹草营养丰富，且消化率高。营养期粗脂肪和无氮浸出物较高，抽穗期粗蛋白质含量较高，并且各类氨基酸含量也很丰富。另外，苏丹草还含有丰富的胡萝卜素。苏丹草也是池塘养鱼的优质青饲料之一，有“养鱼青饲料之王”的美称。

（十）象草

象草原产于非洲、澳洲和亚洲南部等地，是热带、亚热带地区普遍栽培的多年生高产牧草。抗战前，我国从印度、缅甸等国引入广东、四川等地试种，目前，在我国南方各省已有大面积栽培利用。长江以北的河北、北京等地也在试种（图4－20）。

图4－20　象草

1. 形态特征

象草为多年生草本植物，植株高大，一般为 2～4 米，高者达 5 米以上。须根，根系发达，分布于 40 厘米左右的土层中，最深者可达 4 米。茎秆直立，粗硬，丛生，中下部茎节生有气生根，分蘖能力强，通常 50～100 个。叶片的大小和毛被，因品种而异，一般叶长 40～100 厘米，宽 1～4 厘米。叶面稀生细毛，边缘粗糙呈细密锯齿状，密生刚毛，中肋粗硬。叶鞘光滑无毛。圆锥花序圆柱状，长约 15～30 厘米，着生于茎梢或分枝顶端，金黄色或紫色，主轴密生柔毛，稍弯曲。刚毛长达 2 厘米，粗糙。每穗约由 250 个小穗组成，每小穗有 3 小花，小穗通常单生，种子成熟时易脱落。种子结实率和发芽率低，实生苗生长极为缓慢，故一般采用无性繁殖。

2. 栽培技术

（1）移栽繁殖　热带地区生长的象草能抽穗结实，但结实少，种子成熟不一致，发芽率低，通常采用无性繁殖。选择土层深厚，疏松肥沃，排灌水便利的土壤种植。深耕翻，施足基肥。山坡地种植，宜开成水平条田。新垦地应提前 1～2 月翻耕、除草，使土壤熟化后种植。

选择粗壮，无病害的种茎切段，每段 3～4 节，成行斜插于土中，行距 80 厘米，株距 50～60 厘米，覆土 4～6 厘米，顶端一节露出地面。亦可育苗移栽。植后灌水，约经 10～15 天即可成苗。栽种期，两广地区在 2 月，云、贵、川、湘、闽等省在 3 月，苏、浙、皖等省在 4 月为宜。1 次种植后，能连续多年收割利用，5～6 年更新 1 次。

（2）田间管理　出苗后应及时中耕除草，注意灌溉，以保证全苗、壮苗。苗高约 20 厘米时，即可追施氮肥，促进分蘖发生和生长。每次收获后应及时松土，每亩追施尿素 10～15 千克。

（3）留种　越冬用种茎选择生长健壮的植株，在能越冬地区，可使种茎在地里越冬，供第二年春季栽植；冬季较冷不能越冬地区，应在霜前，选干燥高地挖坑，割去茎梢，平放入坑内覆土50厘米，地膜覆盖增温保种越冬，或可采用沟贮、窖贮或温室贮等办法越冬。

（4）收获　植后2.5～3个月，株高100～130厘米时即可开始刈割。南方一般每年可割5～8次。高温多雨地区，水肥充足，每隔25～30天即可刈割一次。留茬高6～10厘米。一般每亩鲜草产量2 500～5 000千克，高者可达10 000千克左右。每次刈后追肥，灌溉，中耕除草，利于再生。鲜嫩时刈割为宜，过迟刈割，茎秆粗硬，品质下降，适口性降低。

3. 饲用价值

象草不仅产量高，且营养价值也较高。适时收割的象草，柔嫩多汁，适口性好，牛、羊、马均很喜食。亦可养鱼。一般多用青饲，亦可青贮，晒制干草和粉碎成干草粉。

（十一）狗牙根

狗牙根原产非洲，分布在热带、亚热带和温带沿海地区。在美国的南部、非洲、欧洲、亚洲的南部各国均有分布。在我国广泛分布于黄河以南各省区。

1. 形态特征

多年生草本，其根状茎或匍匐茎，节间长短不等。匍匐茎平铺地面或埋入土中，长达2米多，圆柱状或略扁平，光滑、坚硬，节处向下生根，上部数节直立，光滑细硬，株高10～30厘米，成株可达45厘米。叶鞘稍松，扁平而短。叶片平展，披针形，长5～10厘米、宽1～4毫米，下面光滑，上面粗涩。叶舌短，具小纤毛。穗状花序3～6枚呈指状排列于茎顶，长2～7厘米，绿色或稍带紫色；小穗排列于穗轴的一侧，长2～2.5毫米，每小穗仅1小花，成覆瓦状排列两行；颖片等长，1脉成脊，短于外稃；外稃具3脉，脊上有毛；内稃约与外稃等长，具2脊（图4－21）。

2. 栽培技术

（1）整地施肥 播种狗牙根需要精细整地。结合深翻或深松进行施肥。有机肥用量为 1 500 ~ 2 000千克/亩。播种前需清除杂草耙耱碎土块，再通过镇压使松软的土壤紧实，防止播种时种子或草茎入土太深。杂草多的地块，除多次旋耕外，播前还可使用草甘膦等易分解的除草剂灭除杂草。

图 4 – 21 狗牙根

（2）播种 普通狗牙根可以种子直播，杂交品种多通过移栽草茎或分株繁殖。种子直播可以条播，也可以撒播。脱壳种子播量为 0. 4 ~0. 6 千克/亩，不脱壳种子 0. 5 ~0. 8 千克/亩。播种深度不超过 1 厘米。也可以将种子与沙子或磷钾肥混合后播种。

移栽狗牙根可以用匍匐枝、地下根茎或成熟的草茎。春季狗牙根返青后地下根茎生长速度快，根内贮藏的碳水化合物多，移栽后成活率较高。选用 12 ~ 15 厘米长的根茎，一头埋入地下 5 厘米深，一头露出地面，成活率较高。也可按行距 20 ~ 30 厘米，开深 4 ~ 6 厘米的沟，将根茎放入后立即覆土、镇压。也可以将草茎撒播在地里，然后用圆盘耙轻旋土壤，让一部分根茎埋入土中，再镇压。根茎的播量为 5 万 ~ 10 万株/公顷。根茎从地下起出后移栽越早成活率越高。如果根茎已离土 24 小时，应先浸泡 12 小时至 15 小时后再栽种。用匍匐枝或草茎移栽，需选择生长 6 周以上，长度在 45 ~ 60 厘米，至少具有 6 个节的匍匐枝或草茎。匍匐枝和草茎刈割后应尽快播种，一般采用撒播，播后需覆土盖住茎节并镇压。

（3）田间管理　新播的狗牙根草地，磷肥和钾肥可全部作为基肥。若用于种肥，注意用量不可过大，否则会引起烧苗。生长一年后的狗牙根草地，磷肥和钾肥可全部作为秋季追肥。氮肥应该分次追施。播种后到分蘖期，或移栽后草茎长到 7 ~ 8 厘米时开始第一次追肥，以后每次刈割后及每年春季返青时追施一次氮肥。每次追施尿素为 10 ~ 20 千克/亩。秋季最后一次刈割后不用施氮肥。

播种前要通过多次耕翻或使用除草剂尽量减少杂草。狗牙根出苗两周后可用 2，4-D 防除阔叶杂草。移栽后可用敌草隆或 2,4-D 封闭土壤，防治杂草出苗。使用敌草隆一定要控制好用量，防止用量过大对幼苗形成为害。也可通过提前刈割减轻杂草为害。狗牙根对病虫害的抗性较强，一般不需要特殊防治。

（4）收获　狗牙根植株低矮，较耐践踏，适于放牧利用。如气候适宜，水肥充足，植株较高，亦可刈割晒制干草和青贮。刈割一般应在草高 35 ~ 50 厘米时，每 4 ~ 6 周刈 1 次，最后一次应在初霜来临前 8 周。产草量较其他禾草低，平均每亩产干草 150 ~ 200 千克，亦有高达 350 ~ 400 千克。

3. 饲用价值

狗牙根草质柔软，味淡，其茎微甜，叶量丰富，黄牛、水牛、马、山羊及兔等牲畜均喜食，幼嫩时亦为猪及家禽所采食。狗牙根的粗蛋白质、无氮浸出物及粗灰分等的含量较高，特别是幼嫩时期，其粗蛋白质含量占干物质的17.58%。

狗牙根有匍匐茎蔓延地面，且茎叶茂盛，可长成丛密草皮，用以防止水土流失，非常有效。它也是铺设停机坪、各种运动场、公园、庭院、绿化城市、美化环境的良好植物。

（十二）猫尾草

猫尾草原产于欧亚大陆之温带，我国新疆等地有野生种，是美国、俄罗斯、法国、日本等国家广泛栽培的主要牧草之一，主要分布在北纬40°~50°寒冷湿润地区，我国东北、华北和西北均有栽培。是世界上应用最广、饲用价值最高的主要牧草，又是草田轮作的主要牧草。

1. 形态特征

多年生疏丛状草本。须根发达，稠密强大，但入土较浅，常在1米土层以内。具根状茎。茎直立，粗糙或光滑，株高80~100厘米，基部之节间甚短，最下一节膨大成球状；叶片扁平，长7~20厘米，宽5~8毫米，略粗涩。叶鞘松弛，短于或下部长于节间；叶舌膜质，白色，长2~3毫米。圆锥花序柱状，淡绿色，长5~10厘米或以上；每小穗有1小花，扁平，颖上脱节；颖膜质，长约3.5毫米，脊有毛，上端截形而生1毫米长的硬芒；外稃膜质，透明，截形，有7条脉；内稃略短于外稃。种子圆形，细小，长约1.5毫米，宽0.8毫米，淡棕黄色，表面有网纹，易与稃分开。种子千粒重0.36~0.40克（图4-22）。

2. 栽培技术

（1）播种　猫尾草春、秋两季播种皆可，有春雨地区可行春播，秋季多雨地区可行秋播。播前要求整地精细，每亩施用农家肥1 000千克作底肥。既可单播，又可混播，种子粒小，条播，收草用的行距20~30厘米，播种量0.35~0.50千克/亩；收种用的行距30~40厘米，播种量0.15~0.35千克/亩。覆土宜浅，一般1~2厘米，播后镇压。

图4-22　猫尾草

（2）田间管理　猫尾草与红三叶混播效果较好，也可和黑麦草、鸭茅、牛尾草、苜蓿、白三叶等混播。猫尾草对水肥敏感，灌水结合施肥可提高产量，一般每公顷追施氮肥150千克，磷肥37.5千克，钾肥75千克。

（3）收获　猫尾草是饲用价值较高的牧草之一，调制干草以盛花期至乳熟期刈割较好。猫尾草在潮湿地区一年可刈割两次，每亩产鲜草2 500~4 000千克。干旱地区年仅刈割1次，产草量低。

3. 饲用价值

猫尾草的适口性较好，马、骡最喜食，牛亦乐食，羊采食稍差。除调制干草外，也可供放牧，但仅限于再生草，且以混播者较多。通常在第一、第二年用以割制干草，第三、第四年用以放牧。猫尾草也可用于青贮。

（十三）扁穗牛鞭草

牛鞭草属在全世界近20个种，主要生长在热带、亚热带、北半球的温带湿润地区。在苏联的远东地区，蒙古、朝鲜及日本也有分布。我国有3种及1变种，即扁穗牛鞭草（广东、广西壮族自治区、云南、四川、福建等地）、高牛鞭草（华东、华中、华北、东北）、小牛鞭草（广东），变种为族穗牛鞭草（苏、滇及华中至华南、西南甚至东北），均可作饲草，特别是扁穗牛鞭草已成为当前四川、重庆、广西壮族自治区、云南等省（市、自治区）退耕还草的重要草种之一。

1. 形态特征

多年生草本，高70~100厘米，有根茎。茎秆直立，稀有匍匐茎，下部暗紫色，中部多分枝，淡绿色。茎上多节，节处折弯。叶片较多，叶线形或广线形，长10~25厘米，直立或斜上，先端渐尖，两面粗糙，叶鞘长至节间中部，鞘口有疏毛，无叶耳，叶舌小，钝三角状，高1毫米。总状花序单生或成束抽出，花序轴坚韧，长5~10厘米，节间短粗，宽4~6毫米。节上有成对小穗，1有柄，1无柄，外形相似，披针形，长5~7毫米。有柄小穗扁平，与肥厚的穗轴并连，有1朵两性花，发育良好。无柄小穗长圆状披针形，长5~7毫米，嵌入于坚韧穗轴的凹外，内含2朵花，1为完全花，1为不育花，不育花有外稃，外稃薄膜质，透明。颖果蜡黄色（图4-23）。

2. 栽培技术

（1）播种繁殖　采用无性繁殖方法。在选地时，应选择地势高、向阳、光照好、土层深厚、土壤通透性好的沙壤土或壤土，结合整地施足底肥。整地时亩施农家肥2 000千克以上，磷肥50千克。整好地后，将种茎切成15~20厘米长茎段，每段含2~3节，开沟扦插，行距35~40厘米，株距15~20厘米。在有灌溉条件的情况下，全年都可栽植。扦插后及时浇水，若遇高温干旱天气，还应于第3、第4日再浇水一次。

（2）田间管理　扁穗牛鞭草在扦插后 1 个月内对杂草的抑制能力较弱，要特别注意除杂草和施肥。为了获得高产，前 1 个月要连续除杂 2 ~ 3 次，每次刈割后要进行充分灌溉，并每亩施入 5 ~ 6 千克尿素，每年开春前在株丛间撒施一次有机肥。最后一次刈割应在 9 月下旬或 10 月上旬，刈割后可进行一次轻牧。

图 4－23　扁穗牛鞭草

3. 饲用价值

牛鞭草作为饲用植物，其营养成分丰富。扁穗牛鞭草含糖分较多，味香甜，无异味，马、牛、羊、兔等均喜食。拔节期刈割，其茎叶较嫩，也是猪、禽、鱼等的良好饲草。一般青饲为好，青饲有清香甜味，各种家畜都喜食。调制干草不易掉叶，但脱水慢、晾晒时间长，遇雨易腐烂。青贮效果好，利用率高。优质青贮牛鞭草的气味芳香、适口性好，特别适合饲喂产奶牛，可以提高产奶量。

三、其他牧草栽培与利用

（一）苦荬菜

苦荬菜原为我国野生植物，几乎遍布全国。朝鲜、日本、印度等国也有分布。经过多年的驯化和选育，苦荬菜已成为深受欢迎的高产优质饲料作物，在南方和华北、东北地区大面积种植，是各种畜禽的优良多汁饲料。此外，苦荬菜具有开胃和降血压的作用，经过深加工还可制成冷冻食品和饮料。

1. 形态特征

苦荬菜为菊科莴苣属一年生或越生草本植物。直根系，主根粗大，纺锤形，入土深达2米以上，根群集中分布在0~30厘米的土层中。茎直立，上部多分枝，光滑，株高1.5~3.0米。叶变化较大，初为基生叶，丛生，15~25片，无明叶柄，叶形不一，披针形或卵形，长30~50厘米，宽2~8厘米，全缘或齿裂至羽裂；茎生叶较小，长10~25厘米，互生，无柄，基部抱茎。全株含白色乳汁，味苦。头状花序，舌状花，淡黄色，瘦果，长卵形，成熟时为紫黑色，顶端有白色冠毛，千粒重1.0~1.5克（图4－24）。

2. 栽培技术

（1）轮作　苦荬菜不宜连作，其前作应为麦类或豆科牧草和饲料作物，后作应安排豆类、小麦、玉米、薯类等作物。

（2）整地　种子小，幼苗出土力弱，要求精细整地。最好秋翻地，耕深在20厘米以上，整平耙细，保墒，以利全苗壮苗。苦荬菜需肥较多，为充分发挥增产潜力，播前要施足底肥，每亩施腐熟的有机肥料4 500~5 000千克，尿素10~225千克，过磷酸钙15~20千克。

（3）选种和播种　苦荬菜种子成熟不一致，播前需要对种子进行清选。风选或水选清除未成熟种子和杂质，选择粒大饱满的紫黑色种子作种用。播前晒种 1 天，可提高发芽率。

图 4－24　苦荬菜

北方在地刚刚化冻时即可播种，南方以 2～3 月播种最为适宜，也可秋播。撒播，条播、穴播均可。撒播时每亩播种量 1.0～1.5 千克；条播 0.5～1.0 千克，收草用行距 20～30 厘米，收种用行距 60～70 厘米；穴播播种量 0.1 千克，株行距 20～25 厘米；播深 2～3 厘米，播后要及时镇压。苦荬菜也可育苗移栽，在北方地区 2～3 月份进行苗床播种，播种量 0.1～0.15 千克/亩，在 4～5 片真叶时进行移栽，行距 25～30 厘米，株距 10～15 厘米。

（4）田间管理　苦荬菜宜于密植，通常不间苗，2～3 株为一丛生长良好，且叶量多，茎秆细嫩。但过密应适当间苗，可按株距 4～5 厘米定苗；过稀茎秆易老化，产量和品质均会下降，宜补苗。苦荬菜出苗后要及时中耕除草，在封垄前要进行 3 次。苦荬菜抗病虫能力较强，华北常见虫害为蚜虫，可用吡虫啉、乐斯本等高效低毒农药喷杀。

（5）收获 苦荬菜生长迅速，需及时刈割，以保持其处于生育的幼龄阶段。抽薹前刈割，伤口愈合快，再生力强，刈后能很快抽出新叶，既增加刈割次数，又提高产量和品质。刈割过晚，则抽薹老化，再生力减弱，产量和品质下降。种植面积较小时，可剥叶利用，即只剥取外部大叶，留下内部小叶继续生长。大面积栽培时，在株高40～50厘米时进行刈割，此后每隔20～40天刈割1次。刈割时留茬4～5厘米，最后一次刈割则不要留茬，可齐地面刈割。

3. 饲用价值

苦荬菜叶量大，脆嫩多汁，营养丰富，特别是粗蛋白含量较高，与苜蓿相似。蛋白质中氨基酸种类齐全，其中，含赖氨酸0.49%，色氨酸0.25%，蛋氨酸0.16%，是一种优质的蛋白质饲料。另外，它的粗脂肪、无氮浸出物、维生素含量也很丰富。苦荬菜叶量丰富，略带苦味，适口性特别好，猪、禽最喜食。苦荬菜还有促进食欲和消化、祛火去病的功能。饲喂苦荬菜，可节省精饲料，减少疾病，也不必补饲维生素。

苦荬菜可青饲利用，也可调制成青贮饲料和干草。青饲时要生喂，每次刈割的数量应根据畜禽的需要量来确定，不要过多，以免堆积存放，发热变质。不要长期单一饲喂，以防引起偏食，最好和其他饲料混喂。青贮时在现蕾至开花期刈割，也可用最后一茬带有老茎的鲜草，可单独青贮，与禾本科牧草或作物混贮效果更佳。喂猪时每头母猪日喂7～12千克，精饲料不足时可占日粮比例的40%～60%。

（二）串叶松香草

串叶松香草原产于北美中部的高原地带，主要分布在美国东部、中西部和南部山区。1979年我国从朝鲜引入，目前，我国大部分省市均有栽培。串叶松香草花期长，花色艳丽，有清香气味，是良好的观赏植物和蜜源植物；其根还有药用价值，是印第安人的传统草药（图4－25）。

1. 形态特征

串叶松香草为菊科松香草属多年生草本植物。根系发达粗壮，多集中在5~40厘米的土层中；具根茎，根茎节上着生有由紫红色鳞片包被的根茎芽。茎直立、四棱，高2~3米。叶分基生叶与茎生叶两种，长椭圆形，叶面粗糙，叶缘有缺刻；播种当年为基生叶，12~33片，丛生呈莲座状，有短柄，或近无柄；茎生叶无柄，对生，相对两叶基部相连，茎从中间穿过，故此得名。头状花序，黄色花冠。瘦果心脏形，褐色，每个头状花有种子5~21粒，千粒重20~25克。

图4-25　串叶松香草

2. 栽培技术

（1）整地施肥　串叶松香草产量高，利用时间长，因而要选择肥水充足、便于管理的地块种植。耕地要做到深耕细耙，创造疏松的耕作层，最好秋翻地，耕深20厘米以上，来不及秋翻的要早春翻耕。串叶松香草需肥较多，播前要施足底肥，每亩施厩肥3 000~4 000千克，磷肥15千克，氮肥15千克。

（2）播种　播种时要尽可能选用前一年采收的种子，并用30℃温水浸种12小时，以利出苗。在北方春、夏、冬三季均可播种。春播在3月下旬至4月上旬，夏播在6月中下旬，不要晚于7月中旬，也可冬前寄籽播种。南方春播、秋播均可，春播在2月中旬至3月中旬为宜，秋播宜早不宜晚，以幼苗停止生长时能长出5~7片真叶为宜。播种量为每亩0.2~0.3千克，种子田可少些，每亩0.1~0.15千克。条播或穴播，以穴播为主，收草用行距40~50厘米，株距20~30厘米，收种用行距100~120厘米，株距60~80厘米。每穴播种子3~4粒，覆土深度2~3厘米。另外，串叶松香草还可育苗移栽，或用根茎进行无性繁殖。

（3）田间管理　串叶松香草苗期生长缓慢，要及时中耕除草，在封垄之前除草2~3次。中耕时根部附近的土层不宜翻动过深，以不超过5厘米为宜，以防损伤根系和不定芽。如果头两年管理的好，串叶松香草本身灭草能力较强，可以减少除草次数，甚至不必除草。生长期间氮肥的效应极大，因而要及时追施氮肥，一般返青期及每次刈割后进行，每次追施硫酸铵10~15千克/亩或尿素5~7千克/亩，施后及时浇水。但需注意刈后追肥应待2~3天伤口愈合后进行。寒冷地区为安全越冬要进行培土或人工盖土防寒，也可灌冬水，促进早返青、早利用。

（4）收获　播种当年不刈割，或只在越冬地上部枯死前刈割1次，以后各年在现蕾至开花初期开始刈割，每隔40~50天刈割1次。北方年刈3~4次，南方4~5次为宜。鲜草产量1~2吨/亩。刈割时留茬10~15厘米。

采种田一般不刈割，并多施磷、钾肥。串叶松香草种子成熟不一致，而且宜脱落，因而在2/3的瘦果变黄时即可采收，一般每亩产种子30~50千克。

3. 饲用价值

串叶松香草不仅产量高，而且品质好，粗蛋白和氨基酸含量丰富，特别是富含碳水化合物。另外，钙、磷和胡萝卜素的含量也极为丰富，是牛、羊、猪、禽、兔、鱼等畜禽的优质饲料。串叶松香草含水量高，利用以青饲或调制青贮饲料为主，也可晒制干草。青饲时随割随喂，切短、粉碎、打浆均可；青贮时含水量要控制在60%，可单独青贮，也可与禾本科牧草或作物混贮。初喂家畜时有异味，家畜多不爱吃，但经过驯化，即可变得喜食。奶牛日喂量15~25千克，羊3千克左右，在猪的日粮中可代替5%的精饲料。干草粉在家兔日粮中可占30%，肉鸡日粮中以不超过5%为宜。

（三）菊苣

菊苣广泛分布于亚、欧、美和大洋洲等地，我国主要分布在西北、华北、东北地区，常见于山区、田边及荒地。现已在山西、陕西、宁夏回族自治区、甘肃、河南、辽宁、浙江、江苏、安徽等省区推广种植。菊苣花期长达2~3个月，是良好的蜜源植物。在欧洲菊苣广泛作为叶类蔬菜利用，菊苣根系中含有丰富的菊糖和芳香族物质，可提取作为咖啡代用品，提取的苦味物质可用于提高消化器官的活动能力（图4-26）。

1. 形态特征

菊苣是菊科菊苣属多年生草本植物。主根长而粗壮，肉质，侧根粗壮发达，水平或斜向下分布。主茎直立，分枝偏斜且顶端粗厚，茎具条棱，中空，疏被粗毛，株高170~200厘米。播种当年生长基生叶，倒向羽状分裂或不分裂，丛生呈莲座状，叶片长10~40厘米，叶丛高80厘米左右；茎生叶较小，披针形，全缘。头状花序，单生于茎和分枝的顶端，或2~3个簇生于上部叶腋。总苞呈圆柱状，花冠蓝色，瘦果，楔形。种子千粒重1.2~1.5克。

2. 栽培技术

（1）播种　播前需精细整地，做到地平土碎，疏松有墒，并施腐熟的有机肥2 500~3 000千克/亩做底肥。宜春、秋两季播种，播种时最好用细沙与种子混合，以便播种均匀。条播、撒播均可，条播行距30~40厘米，播深2~3厘米，每亩播种量为

0.1～0.2 千克，播后要及时镇压。

图 4－26　菊苣

（2）田间管理　苗期生长缓慢，易受杂草为害，要及时中耕除草。株高 15 厘米时间苗，留苗株距 12～15 厘米。在返青及每次刈割后结合浇水每亩追施速效复合肥 15～20 千克。积水后要及时排除，以防烂根死亡。

（3）收获　菊苣在株高 40 厘米时即可刈割利用。在太原播种当年，灌水 1 次的情况下，刈割 2 次的鲜草产量约7 000千克/亩；第二年以后产量增加，每年可刈割 3～4 次，每亩产鲜草 10 000千克左右，其中，第一茬产量最高。刈割留茬高度为15～20 厘米。菊苣花期 2～3 个月，种子成熟不一致，而且成熟后种子易裂荚脱落，因而小面积种植最好随熟随收，大面积种植应在盛花期后 20～30 天一次性收获为宜。种子产量15～20 千克/亩。

3. 饲用价值

菊苣茎叶柔嫩，特别是处于莲座期的植株，叶量丰富、鲜嫩，富含蛋白质及动物必需氨基酸和其他各种营养成分。初花期粗纤维含量虽有所增加，但适口性仍较好，牛、羊、猪、兔、鸡、鹅均极喜食，其适口性明显优于串叶松香草和聚合草。菊苣以青饲为主，也可放牧利用，或与无芒雀麦、紫花苜蓿等混合青贮，亦可调制干草。在莲座叶丛期适宜青饲猪、兔、禽、鱼等，猪日喂 4 千克，兔 2 千克，鹅 1.5 千克。抽茎期则宜于牛、羊饲用。菊苣代替玉米青贮饲喂奶牛，每天每头多产奶 1.5 千克，并有效地减缓泌乳曲线的下降速度。用菊苣饲喂肉兔，在精料相同条件下，可获得与苜蓿相媲美的饲喂效果。

（四）籽粒苋

籽粒苋原产于中美洲和东南亚热带及亚热带地区，为粮食、饲料、蔬菜兼用作物，在中美洲、南美洲为印第安人的主要粮食之一。籽粒苋栽培历史已有 7 000多年，世界大部分地区都有栽培。我国栽培历史悠久，全国各地均能种植。1982 年我国引入美国宾夕法尼亚州 Rodal 研究中心培育的美国籽粒苋，由于其抗逆性强，速生高产，迅速引种到全国各地。籽粒苋也可作为观赏花卉，还可作为面包、饼干、糕点、饴糖等食品工业的原料，目前，国内已研制出含有籽粒苋成分的保健品数十种（图 4－27）。

1. 形态特征

籽粒苋属苋科苋属一年生草本植物。直根系，主根入土深达 1.5～3.0 米，侧根主要分布在 20～30 厘米的土层中。茎直立，高 2～4 米，最粗直径可达 3～5 厘米，绿或紫红色，多分枝。叶互生，全缘，卵圆形，长 20～25 厘米，宽 8～12 厘米，绿或紫红色。穗状圆锥花序，顶生或腋生，直立，分枝多。花小，单性，雌雄同株。胞果卵圆形。种子球形，紫黑、棕黄、淡黄色等，有光泽，千粒重 0.5～1.0 克。

2. 栽培技术

（1）整地施肥　籽粒苋忌连作，应与麦类、豆类作物轮作、间种。因种子小顶土力弱，要求精细整地，深耕多耙，耕作层疏松。籽粒苋属高产作物，需肥量较多，在整地时要结合耕翻每亩施有机肥1 500～2 000千克作基肥，以保证其高产需求。

图4－27　籽粒苋

（2）播种　北方于4月中旬至5月中旬播种，南方3月下旬至6月播种，播种期越迟，生长期越短，产量也就越低。条播、撒播或穴播均可。条播时，收草用的行距25～35厘米，株距15～20厘米；采种的行距60厘米，株距15～20厘米，播种量25～50克/亩。覆土1～2厘米，播后及时镇压。也可育苗移栽，移栽一般在苗高15～20厘米时进行。

（3）田间管理　籽粒苋在二叶期时要进行间苗，叶期定苗，在4叶期之前生长缓慢，结合间苗和定苗进行中耕除草，以消除杂草为害。8～10叶期生长加快，宜追肥灌水1～2次，现蕾至盛花期生长速度最快，对养分需求也最大，亦及时追肥。每次刈割后，结合中耕除草，进行追肥和灌水。追肥以氮肥为主，每亩施尿素20千克。留种田在现蕾开花期喷施或追施磷、钾肥，可提高种子产量和品质。籽粒苋常为蓟马、象鼻虫、金龟子、地老虎等为害，可用甲虫金龟净、马拉硫磷、乐斯本等药物防治。

（4）收获　一般青饲喂猪、禽、鱼时在株高45～60厘米刈割，喂大型家畜时于现蕾期收割，调制干草和青贮饲料时分别在盛花期和结实期刈割。刈割留茬15～20厘米，并逐茬提高，以便从新留的茎节上长出新枝，但最后1次刈割不留茬。在北方1年可刈2～3次，南方5～7次，每亩产鲜草5 000～10 000千克。采种田在花序中部种子成熟时收割，每亩收种子100～200千克。

3. 饲用价值

籽粒苋茎叶柔嫩，清香可口，营养丰富，必需氨基酸含量高，特别是赖氨酸含量极为丰富，是牛、羊、马、兔、猪、禽、鱼的好饲料。其籽实可作为优质精饲料利用，茎叶的营养价值与苜蓿和玉米籽实相近，属于优质的蛋白质补充饲料。

籽粒苋无论青饲或调制青贮、干草和干草粉均为各种畜禽所喜食。奶牛日喂25千克籽粒苋青饲料，比喂玉米青贮料产奶量提高5.19%。仔猪日喂0.5千克鲜茎叶，增重比对照组提高3.3%，青饲喂育肥猪，可代替20%～30%的精饲料。在猪禽日粮中其干草粉比例可占到10%～15%，家兔日粮中占30%，饲喂效果良好。籽粒苋株体内含有较多的硝酸盐，刈后堆放1～2天则转化为亚硝酸盐，喂后易造成亚硝酸盐中毒，因此，青饲时应根据饲喂量确定刈割数量，刈后要当天喂完。

（五）聚合草

原产于北高加索地区，现已广泛分布于欧、亚、非、美、大洋洲等地。我国在20世纪50年代初开始引入，现已遍及全国各地。聚合草为优质的饲用植物，又可作药用植物和咖啡代用品，花期长，还可作为庭院观赏植物（图4－28）。

1. 形态特征

聚合草为紫草科聚合草属多年生草本植物。直根系，根肉质。根颈粗大，着生大量幼芽和簇叶。叶卵形、长椭圆形或阔披针形，叶面粗糙肥厚。基生叶簇生呈莲座状，具长柄；茎生叶有短柄或无柄。蝎尾状聚伞花序，结实率极低。喜温耐寒，20～

28℃生长最快，在华北、东北南部和西北等地能够越冬，东北北部越冬有困难。需水量多，适宜在年降水量 600 ~ 800 毫米的地区种植，低于 500 毫米或高于 1 000毫米生长较差。不耐水淹。对土壤要求不严，以地下水位低、能排能灌、土层深厚、肥沃的土壤最为适宜。喜中性至微碱性土壤，抗碱性较强，在 pH 值为 8.5，含盐 0.3%，钠离子含量超过 0.01% 的苏打盐碱土上生长仍较好。聚合草寿命较长，种植 1 次可利用 20 年。

图 4－28　聚合草

2. 栽培技术

（1）整地施肥　栽植地块要精细整地，耕深要在 20 厘米以上，并施足底肥，以满足聚合草快速生长的需求。底肥以有机肥为主，特别是畜禽粪肥最好，每亩施用量为 2 400 ~ 4 000千克。

（2）繁殖　聚合草由于不结实或结实极少，因而多采用无性繁殖，如切根、分株、根茎繁殖及茎、叶扦插法等，其中，切根繁殖最常用。方法是选取直径大于0.5厘米的健壮根切成5厘米左右的根段，直径大于1厘米的还可纵切成两瓣或四瓣。栽植时将根段顶端向上或横放浅沟中，覆土2~3厘米。北方在春夏两季栽植，春季在3月下旬至4月上旬，夏季不迟于7月中旬。南方在秋冬两季栽植，即10月下旬至11月中旬进行。栽植密度一般行距50~60厘米，株距40~50厘米为宜。

（3）田间管理　栽植成活后要及时中耕除草，封垄后聚合草可有效地抑制杂草，无需除草。生长期间要注意追肥和灌水。追肥以氮肥为主，并适当添加磷、钾肥，也可施用充分腐熟的畜禽粪尿。在栽植当年幼苗期慎用化肥，以防蚀根死亡。雨后积水要及时排除。我国北方寒冷地区，聚合草安全越冬尚有困难，必须采取防寒措施。聚合草病害主要为褐斑病和立枯病，发病后要及时拔除病株，或用多菌灵和波尔多液喷洒防治。

（4）收获　聚合草第一次刈割在现蕾至开花初期，以后每隔30~40天刈割1次，刈割留茬4~5厘米。在河北、天津、北京等地，刈割4次时，各茬产量比率大约为第一、第二茬各占总产量的30%，第三茬占25%，第四茬占15%。聚合草产量较高，第一年每亩产鲜草5 000 ~ 6 000千克，第二年以后可达7.5~10吨，高的可达15吨。

3. 饲用价值

聚合草叶片肥厚，柔嫩多汁，富含能量、粗蛋白、氨基酸、矿物质和维生素，在莲座期干物质中含粗蛋白质24.2%，粗脂肪2.9%，粗纤维12.0%，无氮浸出物39.2%，粗灰分21.8%，是猪、牛、羊、鹿、禽、鱼的优质青绿多汁饲料，可切碎或打浆后饲喂，也可调制成青贮饲料或干草粉。聚合草含有双稠吡咯啶生物碱，即聚合草素，能损害中枢神经和肝脏。因此，聚合草不宜大量长期单一饲喂，宜和其他饲料搭配饲喂。对刚断奶的幼畜一般用量以日粮的10%~25%，肥育家畜30%~40%为宜。青饲喂猪，以日喂3.5~4.0千克为宜，青贮饲料喂奶牛，日喂量可达 30~40 千克，干草粉在鸡日粮中以不超过 10% 为宜。

（六）饲用甜菜

饲用甜菜原产于欧洲南部，适应性强，世界各地均有栽培。我国东北、华北和西北等栽培较多，河南、山东、安徽、江苏、湖北、上海等省（市）也有栽培。我国北方寒冷地区，饲用甜菜产量高、品质好、耐贮藏，是牲畜越冬的好饲料。一般栽培条件下，产根叶 5~7.5 吨/亩，其中，根量 3~5 吨/亩。高产水平下，可产根叶 12~20 吨/亩，其中，根量 6.5~8 吨/亩。

1. 形态特征

饲用甜菜为藜科甜菜属二年生植物。第一年形成簇叶和肥大肉质根，第二年抽薹开花，高可达 1 米左右。根肥大，多为长圆锥形、长纺锤形或长楔形，多为半地上式，少数为 2/3 地下式。单根重 2.0~4.5 千克，最大可达 5.5 千克。根出丛生叶，具长柄，呈长圆形或卵圆形，全缘波状；茎生叶菱形或卵形，较小，叶柄短。花茎从根颈抽出，高 80~110 厘米，多分枝。复穗状花序，自下而上无限开花习性。花两性，由花瓣、雄蕊和雌蕊组成，通常 2 个或数个集合成腋生簇。胞果（种球），每个种球有 3~4 个果实，每果 1 粒种子。种子横生，双凸镜状，种皮革质，红褐色，光亮。种子千粒重 14~25 克（图 4-29）。

2. 栽培技术

（1）轮作　饲用甜菜最忌连作，也不能迎茬。通常以 3~5 年轮种 1 次为好。其最佳前作是麦类作物和豆类作物，其次是油菜、马铃薯、玉米、亚麻、谷子等，各种叶菜、瓜类及牧草也都是其良好前作。其后作可选择大豆、麦类及叶菜类作物。

（2）整地施肥　饲用甜菜为深根性作物，深耕细耙可显著提高整地质量。提倡秋深耕，耕翻后及时耙地、压地或起垄。饲用甜菜生育期长，产量高，需肥多。基肥是其施肥的重要环节，一般以有机肥为主。

（3）播种　饲用甜菜需保证有 120 天的生育期。东北、华北和西北多采用春播，于3月下旬至4月中旬播种；华中、中南和西南也可于6月上旬至7月中旬进行夏播；华东和华南可在10月上旬进行秋播。在播前应对种子进行清选，达到种球2.5毫米以上、千粒重20克以上、纯净率不低于98%、发芽率75%以上才能播种。播种分条播和穴播两种方式。条播行距40~60厘米，播种量2~2.5千克/亩；穴播行距50~60厘米，穴距20~25厘米，播种量0.5~1千克/亩，覆土2~3厘米。近年来，饲用甜菜还推行纸筒育苗、带土移栽的新技术。

图4-29 饲用甜菜

（4）田间管理　苗齐后应进行中耕除草，同时疏苗；2~3片真叶期应结合中耕除草进行间苗；7~8片真叶期定苗，株距35~40厘米，每亩保苗5 000~6 000株，肥田宜稀，瘦田宜密。

生育期内应及时追肥和灌水。每次每亩追施硫酸铵10~15千克（或尿素7.0~8.5千克），过磷酸钙20~30千克，根旁深施，施后灌水。

饲用甜菜易感褐斑病、蛇眼病、花叶病毒病等病害，可选用多菌灵、百菌清等进行防治。虫害也多，如金龟子、潜叶蝇、甘蓝叶蛾等，可选用合适的杀虫剂进行防治。

(5) 收获　饲用甜菜收获一般在10月中下旬进行。留种母根应选择重1~1.5千克，没有破损、根冠完好的块根进行窖藏，温度应保持在3~5℃。饲用块根可鲜藏、也可青贮。

3. 饲用价值

饲用甜菜是秋、冬、春三季很有价值的多汁饲料，含有较高的营养水平。其粗纤维含量低，易消化，是猪、鸡、奶牛的优良多汁饲料。饲用甜菜叶柔嫩多汁，宜喂猪、牛等。可鲜饲，也可青贮。肉质块根是马、牛、猪、羊、兔等冬季的优质多汁饲料，有利于增进家畜健康并提高产品率。切碎或粉碎，拌入糠麸喂，或煮熟后搭配精料喂。在北方冷冻贮藏块根，应快速清洗后粉碎，趁冻拌入精料，待化开再喂。

第五章　人工牧草综合开发

一、人工草地生产计划制定

制定饲草生产计划起着组织、平衡和发展饲草生产的重要作用。饲草生产计划必须要与当地实际情况和市场现状相统一，要做到从实际出发，所定方案切实可行。为保证饲草生产计划的顺利实施和各种饲草的及时供应，保证畜牧生产的稳步发展，应在每一年末做出下一年的饲草生产计划。

（一）饲草需要计划的制定

1. 编制畜群周转计划

养殖场对饲草需要量的多少，取决于所养家畜的类型和数量，因此在编制饲草需要计划时，首先要根据该场所养畜群类型、现有数量及配种和产仔计划编制畜群周转计划（表 5－1），然后再根据畜群周转计划，计算出每个月所养各类型家畜的数量。畜群周转计划的期限为一年，一般在年底制定下一年的计划。

表 5－1　畜群周转计划（以河北农大教学实验牛场为例）

组别	年末存栏数	增加				减少			下年年终存栏数
		出生	购入	转入	转出	出售	淘汰	死亡	
泌乳母牛	70			10			10		70
初孕牛	13			13	10	3			13
育成母牛	16			16	13		3		16
犊牛	30	30			16	14			30

注：公犊出生后出售，表中犊牛数为母犊数

2. 确定饲草需要量

在确定家畜的饲草需要量时，不同类型、不同年龄、不同性别的家畜要分别考虑。因为家畜的类型、年龄、性别不同，每天所需饲草的数量也各不相同。家畜每天所需饲草的数量可根据饲养标准和实践经验来确定（表5－2），然后按下式进行计算饲草需要量。

表5－2　不同类型牛饲草平均日定量参考表（千克）

类别	精饲料	粗饲料	青贮饲料	青饲料
泌乳母牛	4.0～8.0	5.0～7.5	15.0～20.0	10.0～20.0
初孕牛	2.0～3.0	3.0～4.0	10.0～15.0	10.0～15.0
育成母牛	2.0～2.5	1.5～3.5	5.0～10.0	2.0～4.0
犊牛	0.2～2.0	0.2～3.0	0.15～5.0	0.2～3.0
育肥牛	3.0～5.0	4.0～5.0	15.0～20.0	10.0～20.0

饲草需要量＝平均日定量×饲养日数×平均头数

其中，平均头数＝全年饲养总头日数÷365

根据上述公式，就可以计算出每个月各类家畜对不同饲草的需要量，因而也可以计算出全群家畜每个月对各种饲草需要量（表5－3）。

表5－3　饲草需要量统计表（以河北农大教学实验牛场为例）

组别	平均头数	日需要量（千克）				月需要量（吨）				年需要量（吨）			
		精料	粗饲料	青贮饲料	青饲料	精料	粗饲料	青贮饲料	青饲料	精料	粗饲料	青贮饲料	青饲料
泌乳母牛	70	420	350	1 400	1 050	13.02	10.85	43.40	32.55	156.24	130.20	520.80	390.60
初孕母牛	13	39	46	195	130	1.21	1.43	6.05	4.03	14.52	17.16	72.60	48.36
青年母牛	16	40	40	160	40	1.24	1.24	4.96	1.24	14.88	14.88	59.52	14.88
犊牛	30	39	45	120	45	1.21	1.40	3.72	1.40	14.52	16.80	44.64	16.8
合计	129	538	481	1 875	1 265	16.68	14.92	58.13	39.22	200.16	179.04	697.56	470.64

除了按上述方法计算家畜的饲草需要量之外，也可根据饲养标准（营养需要）来计算。家畜对营养物质的需求分两个方面：一是维持状态下的营养需要即维持需要，二是进行生长、肥育、繁殖、泌乳、产蛋、使役、产毛等生产过程的营养需要即生产需要。家畜不同，或同种家畜的不同生理阶段及不同的生产目的，对营养的需求亦不同，这样根据家畜种类、生产类型、饲养头数、饲养日数以及每日需要的营养物质，通过饲养标准可计算出全群家畜对各种营养物质如能量、蛋白质、必需氨基酸等的需要量，然后再利用饲料营养成分表，分别计算出家畜需要什么样的饲草，需要多少才能满足营养物质的需要。

（二）饲草供应计划的制定

饲草供应计划是根据饲草需要计划和当地饲草来源特点制定的。首先在饲草需要计划的基础上，根据当地自然条件、饲草资源、饲养方式等因素，采用放牧、加工调制、贮藏、购买等措施，广辟饲草来源，保证有充足的饲草贮备，以满足家畜的需求。

在制定供应计划时，首先要检查本单位现有饲草的数量，即库存的青、粗、精饲草的数量，计划年度内专用饲草地能收获多少及收获时期、有放牧地时还要估算计划年度内草地能提供多少饲草及利用时期，然后将所有能采收到的饲草数量及收获期进行记录统计，再和需要量作对比，就可知道各个时期饲草的余缺情况，不足部分要作出生产安排，以保证供应。

（三）饲草种植计划的制定

饲草种植计划是编制饲草生产计划的中心环节，是解决家畜饲草来源的重要途径。制定饲草种植计划时，需要根据当地的自然条件、农业生产水平、所养家畜的种类、生产类型等因素，选择适宜当地栽培和所养畜种需求的饲草作物，结合农业生产上的轮作、间作、套种、复种和大田生产计划，作出统筹安排，何时种何种饲草、种植面积、收获时间、总产量等都要做好计划安排。若养殖场本身没有足够的土地资源用以种植所需饲草，应根据种植计划和当地农户签订饲草种植合同，以保证饲草的充足供应（表5－4）。

表5－4　饲草种植计划表（以河北农大教学实验牛场为例）

饲草种类	播种日期	播种面积（公顷）	单产（吨/公顷）	总产（吨）	利用时间
苜蓿	2 000.08	2.0	70.0	140.0	5～9月
串叶松香草	1 999.09	1.0	90.0	90.0	6～9月
胡萝卜	上/7	5.5	45.0（块根）	247.5	11～4月
			25.0（叶片）	137.5	10月
冬牧70黑麦	上/10	1.0	50.0	50.0	5～6月
青贮玉米	上/6	14.0	60.0	840.0	1～12月

注：①苜蓿头茬收获后调制干草，以后各茬青饲料；胡萝卜叶片除青饲料外，剩余部分调制干草；②由于土地面积有限，通过本场种植不能完全满足牛场所需饲草，不足部分解决方式为：粗饲料缺额部分及精料由市场购买；青饲料缺额部分及青贮玉米与周边农户签订种植合同，按期收购青饲或青贮

在制定饲草种植计划时，首要问题是确定合理的种植面积，以保证土地资源的合理利用。各种饲草的种植面积可根据下式计算：

某种饲草的种植面积＝某种饲草总需要量÷单位面积产量

由上式可知，要确定合理的种植面积，首先要确定各种饲草作物的单位面积产量即单产。由于单产的变化将会引起饲草生产计划各个环节的变动，因此，要确定各种饲草的单产，必须要系统地分析历史资料，并结合当前的生产条件，加以综合分析，使估算的单产与生产实际相吻合。其中，各种作物秸秆产量可根据下列公式进行估算：

水稻秸秆产量＝稻谷产量×0.966　　（留茬高度5厘米）

小麦秸秆产量＝小麦产量×1.03　　（留茬5厘米）

玉米秸秆产量＝玉米产量×1.37　　（留茬15厘米）

高粱秸秆产量 = 高粱产量 ×1.44　　（留茬 15 厘米）

谷子秸秆产量 = 谷子产量 ×1.51　　（留茬 5 厘米）

大豆秸秆产量 = 大豆产量 ×1.71　　（留茬 3 厘米）

薯秧产量 = 薯干 ×0.61

花生秧产量 = 花生果 ×1.52

（四）饲草平衡供应计划

饲草生产具有季节性，而畜牧生产则要求一年四季均衡地供应各种饲草，因而饲草生产的季节性与饲草需求的连续性之间存在着不平衡性。为解决这一矛盾，做到饲草的平衡供应，就必须做好安排，使饲草供应与饲草需要相一致，做到一年四季均衡地供应各种饲草。

饲草的平衡供应首先是量的平衡，也就是饲草的供应数量要和需要量相平衡，为此要编制饲草平衡供应表（表 5 -5），经过平衡，对余缺情况作出适当调整，求得饲草生产与饲草需要之间的平衡。

表 5 -5　饲草平衡供应计划

月份	需要量			供应量			余缺			处理方法
	青	粗	精	青	粗	精	青	粗	精	
1										
2										
·										
·										
·										
12										
合计										

饲草平衡供应的另一方面是要做到质的平衡，即要做到供应的饲草应满足家畜的营养需要。为此要保证供应的青、粗、精饲料要合理搭配，种类要做到多样化，使供应的各类饲草养分间达

到平衡，满足家畜对营养物质的需求。

为了保证饲草的平衡供应，第一，必须要建立稳固的饲草基地，除了本单位进行种植生产外，也要和周边农户建立稳定的合作关系，保证饲草的种植面积。第二，要进行集约化经营，通过轮作、间、套、复种，以及采用先进的农业技术措施，大幅度提高单产。第三，通过青贮、氨化、干草的加工调制及块根、块茎类饲料的贮藏，解决饲草供应的季节不平衡性。第四，要大力发展季节型畜牧业，充分利用夏秋季节牧草生长旺盛，幼畜生长速度快、消化机能强的特点，实行幼畜当年肥育出栏，以解决冬春饲草供应不足的矛盾。第五，实行异地育肥，建立牧区繁殖、农区育肥生产体系：广大牧区由于饲草供应不足，导致育肥家畜生长速度慢、肉质差、效益低，同时，也加重了草地压力；而饲草资源丰富的农区有大量的秸秆资源尚未得到合理利用，每年将牧区断奶幼畜输送到农区进行异地育肥，既可减轻牧区草地压力，改善当地饲草供应状况，又可充分利用农区饲草资源，从而建立起良好的草畜平衡生产体系。

在制定饲草生产计划时，为了防止意外事故的发生，通常要求实际供应的数量比需要量多出一部分，一般精饲料多5%，粗饲料多10%，青饲料多15%，此即保险系数。在种植计划中，一般要保留20%的机动面积，以保证饲草的充足供应。

二、人工草地放牧利用技术

（一）放牧对草地的影响

放牧家畜通过采食、践踏和排泄粪尿对草地产生影响，这些影响因素常随放牧强度、放牧方式和时间的不同而变化。适度放牧，可促进牧草的分蘖和生长，茎叶茂盛，改善土壤的通透性，促进牧草根系的发育；有利于种子传播，促进草地更新，改善牧草品质。过度放牧，不仅影响牧草的生长发育，降低草地的产量和质量，而且草地的生境条件变劣，引起草地退化。

1. 采食

放牧家畜采食牧草茎叶，从草地摄取营养物质，采食的次数和高低，直接影响牧草的分蘖与叶面积指数。过度放牧，叶片减少，导致牧草养分来源减少。牧草只能靠贮藏营养物质进行生长，使生长发育受到抑制，甚至死亡。放牧也影响牧草根系的生长。一般来说，在过度利用的情况下，牧草根系变短，根量减少。

采食对牧草的繁殖也有一定影响。反复放牧，牧草的生殖枝几乎全部被采食，妨碍种子的形成，使牧草繁殖力降低。过度放牧的草地，牧草在春季要晚 4 ~ 7 天产生生殖枝，完成结籽也要延迟 6 ~ 7 天。过度放牧对牧草营养繁殖同样产生重大影响。频繁逐年极度放牧，抑制了营养繁殖器官根茎的生长发育，根茎重量减少。

草地在长期不合理的放牧影响下，草地植物学成分将出现明显的变化：草群中高大草类减少并逐渐消失，为下繁草的生长发育创造了有利条件；以种子繁殖的草类数量大大减少或完全消失；适口性好的牧草数量减少或消退，而适口性差的牧草和家畜不食的牧草数量增加；草群中出现莲座状植物、根出叶植物和匍匐型植物。因为这些植物不易被家畜采食，有较强的耐牧性，在某些地段可使草群中灌木增加。

2. 畜蹄践踏

畜蹄践踏对草地植被与土壤的作用，使草地的植物特性、土壤理化性质发生改变，从而对草地产生影响。

（1）践踏植物　践踏对植物的直接影响是在家畜奔跑走动中可将植物踩碎、碰伤或折断。据研究，在正常放牧强度下，多年生黑麦草和草地早熟禾耐践踏，而红三叶则敏感。在单播草地上，抗踏种类的产量只减少 5%，而敏感草类则减产高达 50%。混播牧草总产量只减少 5% ~10%。

（2）践踏土壤　践踏结果是使草地土壤变紧实，毛管作用增强，土壤通透性减弱，改变土壤的物理性状，特别是湿润黏壤土，这种现象更为严重。践踏使干燥的土壤表土粉碎，使土壤旱化、沙化，易造成风蚀、水蚀。草地过于频繁和过重的践踏，最终导致草地退化，生产能力下降。

3. 排泄粪尿

放牧家畜的粪尿对草地牧草的产量、质量、适口性等有局部影响，但对草地的总体影响不十分明显。

（1）营养物质的归还　据测定，在放牧过程中由家畜排泄粪尿而归还给草地营养物质的总量约为：氮 6.5～10 千克/亩，钾 5～8 千克/亩，磷 0.65～1.5 千克/亩。其量的大小取决于放牧频率、放牧家畜的大小和年龄及牧草的适口性和化学成分。

（2）影响草地利用面积　放牧家畜的排泄物虽有利于营养物质的归还，但这些排泄物也会造成草场的污染，降低牧草的适口性，影响牧草的利用，尤其在干旱季节，放牧家畜排出的粪斑，经太阳暴晒很快干涸，所起营养作用甚微，结果造成粪斑下覆盖的牧草发生黄化现象，若处理不及时将进一步导致牧草死亡，使草地产量下降，逐步趋于退化。

（二）草地合理放牧利用

1. 合理的载畜量

载畜量是指在一定的放牧时期内，一定的草地面积上，在不影响草地生产力及保证家畜正常生长发育时，所能容纳放牧家畜的数量。确定正确的载畜量不仅对维持草地生产力，而且对合理利用草地，促进畜牧业的发展都是必要的。载畜量不当，不但造成饲草浪费，而且导致草地植被退化。载畜量包括三项因素，即家畜数量、放牧时间和草地面积。这 3 项因素中如有两项不变，一项为变数，即可说明载畜量。因此，载畜量有以下 3 种表示法。

（1）时间单位法　时间单位法以“头·日”表示，在一定面积的草地上，一头家畜可放牧的日数。

（2）家畜单位法　世界各国都采用牛单位，指一定面积的草地，在一年内能放牧饲养肉牛的头数。我国在生产中广泛采用绵羊单位，即在单位面积草地上，在一年内能放牧饲养母羊及其羔羊只数。如全年 10 亩草地放养一只带羔母羊，载畜量用 10 亩/头·年表示。

（3）草地单位法　即在放牧期一头标准家畜所需草地面积数。

载畜量的测定方法有多种，根据草地牧草产量和家畜的日食量来确定载畜量较为科学。计算载畜量的公式如下：

载畜量 =（饲草产量 × 利用率）/家畜日食量 × 放牧天数

载畜量的数值只是一个相对稳定的值，只有相对的生产意义，因为放牧草地处于变化的过程中，载畜量的大小受多种因素的影响，如气候、土壤、家畜种类、放牧制度等。因此，载畜量的测定不能一劳永逸，应根据具体情况，经过一定时期后，重复测定。

2. 适宜的放牧强度

放牧草地表现出来的放牧轻重程度叫做放牧强度。放牧强度与放牧家畜的头数及放牧的时间有密切关系。家畜头数越多，放牧时间越长，放牧强度就越大。

（1）草地利用率　草地利用率是指在适度放牧情况下的采食量与产草量之比。在适度利用的情况下，一方面能维持家畜正常的生长和生产，另一方面放牧地既不表现放牧过重，也不表现放牧过轻，草地牧草和生草土能正常生长发育。草地利用率可用下列公式表示：

草地利用率（%）= 应采食的牧草重量/牧草产量 × 100

草地利用率为草地适当放牧的百分数，可以作为草地合理利用的评定标准，也是观测和计算载畜量的一个理论标准。在确定草地适宜利用率时，应考虑下列因素：一是草地的耐牧性。耐牧性强的草类，利用率可提高，耐牧性低的草类，利用率应降低。二是地形和水土保持状况。坡度缓、土壤侵蚀不严重的草地，利用率可稍高。反之，水土流失严重，地形陡的草地，利用率应降低。三是牧草质量状况。牧草质量差，适口性不佳的草地，其利用率应稍低，否则优良牧草将受到严重摧残。

确定草地适宜的利用率，需要经过长期的反复试验。在正常放牧季节里，划区轮牧的利用率为85%，自由放牧为65%～70%，在牧草的危机时期，如早春或晚秋，干旱、病虫害发生期等，应规定较低的利用率，一般为40%～50%。为保持水土，不同的坡度应有不同的利用率，坡度越大，利用率越小。每100米内升高60米牧草剩余量为50%，升高30～60米牧草剩余量为40%，升高10～30米牧草剩余量为30%。

利用率的计算是以采食率为基础的，所谓采食率是指家畜实际采食量占牧草总产量的百分比，即：

采食率（%）＝家畜实际采食量/牧草总产量

采食率的测定通常采用重量估测法，也叫双样法。该方法是在放牧地上选择几组样方，每组有两个样方，一个样方在放牧前刈割称重（A），另一个样方在放牧后再刈割称重（B），A－B＝采食量。这种方法方便，且较为准确，但要求对照组数目多，样方植被情况应相近似，并且放牧前后的操作技术应严格一致。

（2）草地的放牧强度　利用率确定以后，可根据家畜实际采食率来衡量和检查放牧强度，放牧强度在理论上的表现是：采食率≈利用率……放牧适当；采食率＞利用率……放牧过重；采食率＜利用率……放牧过轻。

3. 适宜的放牧时间

草地从适于放牧开始到适于放牧结束的时间叫做草地的放牧时期或放牧季。这时进行放牧利用，对草地的损害最小。放牧季是指草地适于放牧利用的时间，而不是针对家畜的需求说的。家畜在草地上实际放牧时期叫做放牧日期。放牧季与放牧日期是两个完全不同的概念，通常在草地畜牧业生产中难以按理想的时期来安排放牧日期，但我们应该知道如何避免或弥补由此而造成的损失，从而为草地合理利用提供依据。

（1）适宜开始放牧的时期　适宜开始放牧的时期是指开始放牧的时期不宜过早，也不宜过迟。过早、过迟放牧均会给草地畜牧业生产带来不良影响。

过早放牧会给草地带来为害，降低牧草产量，使植被成分变坏；破坏草地；影响家畜健康，家畜易得腐蹄病和寄生性蠕虫病。放牧开始过迟，则牧草粗老，适口性和营养价值均会降低。同时，全年放牧次数减少，影响饲草平衡供应。

确定始牧的适宜时期要考虑两个因素，一是生草土的水分不可过多；二是牧草需要有一段早春生长发育的时间，以避开牧草的另一个“忌牧期”。

从土壤状况看，当土壤弹性较小水分较多时，开始放牧可以推迟；弹性大，尽管含水量较高，开始放牧也可以较早。一般在潮湿草地上，人畜过后不留足印时（含水量约为50%～60%）就可以开始放牧。

从牧草的生育状况看，开始放牧的适宜时期是：以禾本科草为主的草地，应在禾本科草的叶鞘膨大，开始拔节时放牧；以豆科和杂类草为主的草地，应在腋芽（或侧枝）出现时；以莎草科草为主的草地，应在分蘖停止或叶片长到成熟大小时放牧。

（2）适宜结束放牧的时期　如果停止放牧过早，将造成牧草的浪费；如果停止放牧过迟，则多年生牧草没有足够的贮藏营养物质的时间，不能满足牧草越冬和翌年春季返青的需要，因而会严重影响第二年牧草的产量。根据多次的试验和观察表明，在牧草生长季结束前30天停止放牧较为适宜。

4. 牧草的留茬高度

从牧草的利用率来看，放牧后采食剩余的留茬高度越低，利用率越高，浪费越少。研究表明，牧草经采食后留茬高度为4～

5 厘米时，采食率达 90% ~98%（高产时）或 50% ~70%（低产时）；留茬高度为 7 ~8 厘米时，采食率分别降到 85% ~90% 或 40% ~65%。说明牧草留茬较低有利。但事实证明，采食过低，在初期尚可维持较高产量，而继续利用，牧草产量显著降低。每次放牧利用过低，牧草基部叶片利用过重，贮藏的营养物质大量消耗，必将影响牧草再生速度和强度，牧草的根量亦显著减少，草地必然退化。确定牧草采食高度时，还应考虑与牧草生长有关的诸如生物学、生态学特点及当地气候条件等因素，常见草地的适宜放牧留茬高度，森林草原、湿润草原与干旱草原以 4 ~5 厘米为宜，荒漠草原、半荒漠草原及高山草原以 2 ~3 厘米为宜，播种的多年生草地以 5 ~6 厘米为宜，翻耕前人工草地以 1 ~2 厘米为宜。

放牧不同于刈割，各种家畜有各自的放牧习性，采食后的留茬高度因家畜种类而异。通常黄牛为 5 ~6 厘米，马群为 2 ~3 厘米，羊群与牦牛为 1 ~2 厘米。这里要特别强调的是不能根据家畜的采食习性来规定放牧的留茬高度。如果这样将不可避免地造成草地放牧过重，进而导致草地不合理利用的结果。

（三）放牧制度

放牧制度是草地用于放牧时的基本利用体系，将放牧家畜、草地、放牧时期、放牧技术的运用等通盘安排。放牧制度不同于放牧技术，因为同一放牧技术可在不同的放牧制度中加以运用；而不同的放牧制度，则有明显的区别而不能相互包容。放牧制度可归纳为两种，即自由放牧和划区轮牧。

1. 自由放牧

自由放牧也叫无系统放牧或无计划放牧。即对草地无计划的利用，放牧畜群无一定的组织管理，牧工可以随意驱赶畜群，在较大的草地范围内任意放牧。自由放牧有不同的放牧方式。

（1）连续放牧　在整个放牧季节内，有时甚至是全年在同一放牧地上连续不断地放牧利用。这种放牧方式，往往使放牧地遭受到严重破坏。

（2）季节牧场（营地）放牧　将放牧地划分为若干季节牧场，各季节牧场分别在一定的时期放牧，如冬春牧场在冬春季节放牧，当夏季来临时，家畜便转移到夏秋牧场上。这样家畜全年在几个季节牧场放牧，而在一个季节内，大面积的草地并无计划利用的因素，仍然以自由放牧为基本利用方式，但较连续放牧有所进步。

（3）抓膘放牧　主要在夏末秋初进行。放牧时天天转移牧场，专拣好的牧场及最好的牧草放牧，使家畜短时间内肥硕健壮，以便屠宰或越冬度春。这种方式在放牧地面积大时可采用，但一般牧场不宜采用。因为这会严重造成牧草浪费，而且破坏草地。此外，家畜移动频繁，易造成疲劳，相对降低草地生产性能。

（4）就地宿营放牧　是自由放牧中较为进步的一种放牧方式。放牧地区无严格次序，放牧到哪里就住到哪里。就本质而言，它是连续放牧的一种改进。因其经常更换宿营地，畜粪尿散布均匀，对草地有利，并可减轻螨病和腐蹄病的感染，有利于畜体健康。又因走路少，家畜热能消耗较低，可提高畜产品产量。

2. 划区轮牧

划区轮牧也叫计划放牧，是把草地首先分成若干季节放牧地，再在每一个季节放牧地内分成若干轮牧分区，然后按照一定次序逐区采食，轮回利用的一种放牧制度。划区轮牧与自由放牧相比，具有以下优点。

（1）减少牧草浪费，节约草地面积　划区轮牧将家畜限制在一个较小的放牧地上，使采食均匀，减少家畜践踏造成的损失。一次放牧以后，经过一定的时期，到第二个放牧周期开始时，放牧地上又长满了鲜嫩适口的牧草，可以再度放牧。如果是自由放牧，这时的草已多半粗老。由于划区轮牧可以较充分地利用牧草，就必然能在较小的面积上饲养更多的家畜，因而相应地提高了草地载畜量。

（2）可改进植被成分，提高牧草的产量和品质　自由放牧时，由于家畜连续采食，土壤被严重践踏而失去弹性；植被容易被耗竭，产量极低；优良牧草受到严重摧残，因而使植被成分变坏。划区轮牧时，因草地植被能被均匀利用，防止了杂草孳生，优良牧草相对地增多，从而使牧草产量和品质都有所改进。

（3）可增加畜产品　由于划区轮牧把家畜控制在小范围放牧，家畜的采食、卧息时间有所增加，而游走时间和距离显著减少；同时，也可以避免家畜活动过多消耗热能，因此，增加了饲料的生产效益。划区轮牧能使家畜在整个放牧季内较均匀地获得牧草，各类家畜能健康地生长发育，因而有利于提高畜产品的数量和品质。

（4）有利于加强放牧地的管理　因为放牧家畜短期内集中于较小的轮牧分区内，具有一定的计划，有利于采取相应的农业技术措施。如刈割放牧以后的剩余杂草，撒布畜粪等。同时，由于将放牧地固定到畜群，有利于发挥每一个生产单位管理和改良草地的积极性。诸如清除毒草、灌溉、施肥、补播等措施。

（5）可防止家畜寄生性蠕虫病的传播　家畜感染寄生性蠕虫病后，粪便中常含有虫卵，随粪便排出的虫卵经过约 6 天之后，即可孵化为可感染性幼虫。在自由放牧情况下，家畜在草地上放牧停留时间过长，极易在采食时食入那些可感染的幼虫。而划区轮牧每个小区放牧不超过 6 天，这就减少了家畜寄生性蠕虫病的传播机会。

（四）划区轮牧的实施

1. 季节放牧地的划分

划分季节牧场是实施划区轮牧的第一步。由于天然草地所处的自然条件（如地形地势、植被状况、水源分布等）不同，存在着不同的季节适宜性。有些草地不是全年任何时候都适宜放牧利用，而是限于某个季节放牧最为有利。在冷季，通常利用居民点附近的牧地，而暖季可利用较远的牧地。暖季家畜饮水次数多，需利用水源条件较好的牧地；而冷季家畜饮水次数少，可利用水源条件差，甚至有积雪的缺水草地。因此，正确选择与划分季节放牧地是合理利用草地，确保放牧家畜对饲料需要的基本条件。

实际上，季节放牧地的划分并不意味着把全部牧地都按四季划分。在某些情况下，可以分成4个以上或4个以下；也不限于某一放牧地只在某一季节使用。各季节放牧地应具备的条件如下。

（1）冬季放牧地　冬季气候寒冷，牧草枯黄、多风雪，放牧地应选择地势低凹、避风向阳的地段；牧草枝叶保存良好，覆盖度大，植株高大不易被风吹走和被雪埋没；距居民点、饲料基地较近，而且要有一定的水源、棚圈设备和一定数量的贮备饲草。

（2）春季放牧地　早春气候寒冷，而且变化无常，又多大风。从家畜体况来看，经过一个漫长的冬季，膘情很差，身体瘦弱，体力消耗很多，加上春季为产羔和哺乳期，极需各种营养物质。而早春季地上残存的枯草产量很低，品质也差。早春萌发的草类，由于生长低矮和数量很少，家畜不易采食。春季后期，气温转暖，牧草大量萌发和生长，家畜才能吃到青草。春季放牧地的基本要求与冬季牧地相似，要求开阔向阳、风小的地方，牧草萌发早、生长快的草地，以利于家畜早日吃到青草，尽快恢复体况。

（3）夏季放牧地　夏季牧草生长茂盛，产量高，质量较好。但天气炎热，蚊蝇较多，影响家畜安静采食。因此，夏季放牧地的选择，要求地势高燥、凉爽通风、蚊蝇较少的坡地、台地和岗地等，水源充沛且水质良好，植物生长旺盛，种类较多而质地柔嫩的草地。

（4）秋季放牧地　秋季天气凉爽，并逐渐转向寒冷。牧草趋于停止生长，大部分牧草均已结实，并开始干枯。秋季要进一步抓好秋膘，为家畜度过漫长的冬季枯草期创造良好的身体条件。在选择秋季牧地时，宜安排在地势较低、平坦开阔的川地和滩地上，牧草应多汁而枯黄较晚，水源条件中等，离居民点较远的草地作为秋季放牧地。

2. 分区轮牧

把草地分成季节放牧地后，再在一个季节放牧地内分成若干轮牧分区，然后按一定的次序逐区放牧轮回利用。

（1）轮牧周期和频率　在计划轮牧分区时，首先应考虑轮牧周期和利用频率。轮牧周期指牧草放牧之后，其再生草长到下次可以放牧利用所需要的时间，即两次放牧的间隔时间。

轮牧周期（天）＝每一分区放牧天数（天）×分区数

轮牧周期决定于牧草的再生速度，再生速度又与温度、雨量、土壤肥力及牧草自身的发育阶段有关。当环境条件好，牧草又处于幼嫩阶段时，再生速度快，反之则慢。通常，第一次再生草生长速度较快，第二次、第三次、第四次则依次变慢，因此，同一轮牧分区中各轮牧周期的长短不尽一致。往往第一轮牧周期较短，以后逐次延长。一般认为，再生草达到 10～15 厘米时可以再次放牧。

轮牧频率是指各小区在一个放牧季节内可轮流放牧的次数，即牧草再生达到一定放牧高度的次数。轮牧频率决定于牧草的再生能力，但是，我们不能完全按照牧草的再生频率来规定分区轮牧的频率。在生产实践中，若放牧频率过高时，三四年后就会使牧草产量降低，为了避免这个缺点，对放牧频率应有一定限制。各类型放牧草地适宜的放牧频率，森林草原为 3～5 次，干旱草原为 2～3 次，人工草地 4～5 次。

（2）小区放牧的天数　为减少放牧家畜寄生性蠕虫病的传播机会，小区放牧一般不得超过 6 天。在非生长季节或荒漠区，小区放牧的天数可以不受 6 天的限制。在第一个放牧周期内，因放牧时间有所差异，各个小区牧草产量不等，前 1、2 以至 3 小区往往不能满足6天的放牧需求。因此，头几个小区的放牧天数势必缩短，往后逐渐延长至正常放牧的6天。

(3) 轮牧分区的数目　有了轮牧周期和小区放牧的天数，就可以确定所需的放牧小区的数目，其间的关系为：

小区数 = 轮牧周期 ÷ 小区放牧天数

如果小区轮牧周期为32天，小区平均放牧天数为4天，则轮牧分区数是8个。但到了生长季的后期，再生草的产量减少，不能满足一定天数的放牧，势必缩短小区放牧的天数，这样小区的数目就要增加。因此，按上述轮牧周期计算的小区数目，增加的小区叫做补充小区。补充小区的个数则取决于草地再生草的产量，再生草产量高的放牧地补充小区数较少，反之则较多。因此，小区的实际数目可按下式计算：

小区数目 = 轮牧周期 ÷ 小区放牧天数 + 补充小区数

(4) 轮牧分区的形状、分界和布局　当确定了轮牧分区的大小和数目之后，为保证轮牧的顺利进行，还要考虑轮牧分区的形状、分界和布局，以免造成轮牧的困难或紊乱。

轮牧分区的形状可依自然地形及放牧地的面积划分，最适宜的为长方形。一般小区的长度为宽度的3倍。分区的长度，成年牛不超过1 000米，犊牛不超过500～600米。其宽度以保证家畜放牧时能保持“一”字形横队向前采食为宜，以免相互拥挤，影响采食。

为使分区轮牧顺利实施，各区之间应设围栏。可用刺丝围栏、网围栏、电围栏或生物围栏，亦可以自然地形、地物作为界限，如山脊、沟谷、河流等，目标清楚，又经济省力。

轮牧分区合理布局，才能发挥各分区应有的作用。布局不合理就会造成家畜转移不便，增加行走距离，或小区分界的投资增大。布局时应考虑两项原则：其一，以饮水点为中心进行安排，免的有些区离饮水点太远，增加畜群往返的辛劳；其二，联系各轮牧分区之间应有牧道，牧道的长度应缩减到最小限度，但牧道的宽度应避免家畜拥挤，致使孕畜流产。

3. 牧地轮换

牧地轮换是划区轮牧的重要环节之一。牧地轮换就是把各个轮牧分区每年利用的时间和利用的方式，按一定的规律顺序变动，周期轮换，以保持和提高草地的生产能力。如果没有牧地轮换，必然形成每个轮换分区每年在同一时间以同样方式反复利用，势必造成这时生长的优良牧草和处于危机时期的牧草会被逐渐淘汰，而劣质草类大量孳生，这对放牧地利用还是不合理的。为了避免这种情况发生，就要实行牧地轮换。

牧地轮换包括季节放牧场的轮换和轮牧分区的轮换。由于各地的自然条件和放牧地的利用习惯不同，季节放牧地轮换有两种方式，一种为季节的轮换，如四季、两季放牧地的轮换，另一种为利用方式的轮换，如夏季放牧地3年3区轮换等。轮牧分区轮换中要设延迟放牧、休闲区等，在休闲期间进行补播、施肥等草地培育措施。轮换顺序如表5-6。

表5-6　轮牧分区轮换顺序

利用年限	分区利用程度										说明
	Ⅰ	Ⅱ	Ⅲ	Ⅳ	Ⅴ	Ⅵ	Ⅶ	Ⅷ	Ⅸ	Ⅹ	
第一年	1	2	3	4	5	6	7	8	×	△	
第二年	2	3	4	5	6	7	8	×	△	1	
第三年	3	4	5	6	7	8	×	△	1	2	
第四年	4	5	6	7	8	×	△	1	2	3	表中数字1、2、3…为放
第五年	5	6	7	8	×	△	1	2	3	4	牧开始的利用顺序；
第六年	6	7	8	×	△	1	2	3	4	5	× 延迟放牧区
第七年	7	8	×	△	1	2	3	4	5	6	△ 休闲区
第八年	8	×	△	1	2	3	4	5	6	7	
第九年	×	△	1	2	3	4	5	6	7	8	
第十年	△	1	2	3	4	5	6	7	8	×	

三、人工草地饲用技术

青饲轮供制是指一年四季为家畜均衡地连续不断地供应青饲料的制度。这一制度对于促进家畜的生长发育、提高生产力具有重要意义。

（一）青饲料的特点

青饲料和其他饲料相比具有许多独特的特点。它含水量高(50%以上)，富含多种各种维生素和矿物质，而粗纤维的含量较低，此外还含有1.5%～3.0%（禾本科）或3.2%～4.4%的粗蛋白质及大量的无氮浸出物。所以，其特点是青绿多汁、柔嫩、适口性好、营养丰富、消化率高，对于动物营养来说，青饲料是一种营养相对平衡的饲料。因此，青饲料在促进家畜生长发育及提高其生产力方面具有重要作用，尤其是在提高奶牛的生产力方面作用显著。据资料，在夏季供应足够的青饲料，奶牛的产奶量可占到全年产奶量的60%～70%。

由于青饲料的生产具有季节性，因而其供应是不均衡的。目前，我国许多养殖场或养殖户由于各种原因，不能很好地组织青饲轮供，使生产起伏波动，生产力低下。所以，如何组织好青饲轮供，在牧草和饲料作物生长季节，利用较少的土地，生产足够的青饲料，满足家畜一年四季的需要，将对畜牧业生产稳步提高具有十分重要的意义。

组织栽培的青饲轮供时需要根据家畜对青饲料的需要量、各种青饲料单位面积的产量，计算和落实各种青饲料的播种面积、播种时间、利用时期及提供的数量。

（二）青饲轮供技术

要组织好青饲轮供，关键在于如何解决畜牧生产对青饲料需要的连续性和青饲料生产的季节性之间的矛盾，以及青饲料的供应在量的方面时有时无、时多时少，在质的方面时好时坏等问题。为发挥优良畜禽的生产潜能，就必须采取相应的技术措施，解决上述问题，满足家畜对青饲料的需求，做到连续均衡地供应青饲料。为此需要掌握以下技术环节。

1. 选择适宜的牧草

在选择牧草时，第一，要保证所选种类适于当地生长，特别是要注意选择一些能在早春或晚秋生长和收获的品种，以延长供青期。第二，要高产优质，富含各种维生素及矿物质、鲜嫩、青绿、消化率高、适口性好，满足所养畜种的需求。第三，要生长迅速，具有较强的再生能力；放牧利用时要具备耐践踏能力，刈割利用的要具备迅速再生、多次利用的特点，如无芒雀麦、紫花苜蓿等；如不具备再生性，但能多次播种、多次收获的如玉米、小白菜等亦可选择种植。第四，要易于管理、成本低。

另外，为均衡地供应青饲料，并使家畜得到全面的营养，青饲料种类要做到多样化，因此，青饲料轮供中牧草的种类不能过少，一般以6~8种为宜，要保证畜禽在不同时期均能采食到两种或两种以上的青饲料。但是，青饲料种类也不能过多，否则管理繁杂，反而不利于青饲料轮供的组织。

2. 掌握青饲料的生长发育规律

青饲料种类不同，对生长发育的外部条件要求亦不相同，因而在播种、管理及利用等方面亦异。因此，在组织青饲料轮供时就要求掌握各种青饲料的生长发育规律，包括适宜的播种期、刈割期、利用期及产量和品质的动态变化，即做到均衡地供应各种青饲料，又要充分地利用土地资源，不违农时，保证高产。

3. 选择适宜的骨干饲草和搭配饲草

骨干饲草是指可多次利用、供应期长、高产优质、适口性好、便于机械化作业的饲草。不具上述特点的饲草不能作为骨干饲草加以栽培利用，而只能作为搭配饲草。组织青饲轮供时，应选择1~3种骨干饲草，为了保证能量和蛋白质的平衡，应注意选择豆科牧草作为骨干饲草。在保证骨干饲草供应的基础上，在各个时期还需要搭配1~2种搭配饲草。一般骨干饲草和搭配饲草的种植比例以4：1为宜。短期速生、瓜类及可分期播种分期收获的饲草均是良好的搭配饲草。

4. 运用综合农业技术，实行集约化经营

（1）分期分批播种　对不具再生性的饲草，可采用分期分批播种的方法以延长利用期，这样可做到分期轮收，保证均衡供应。如玉米、小白菜等均可采取这种方式进行利用。

（2）具有再生性的饲草，可多次刈割、分期采收，如紫花苜蓿、苦荬菜等。

（3）结合农业三元种植结构的建立，采用间、套、混种及草田轮作技术，充分利用有限的土地资源，获得高额的青饲料。

（4）注意施肥和田间管理，以提高产草量。

5. 种、采、贮配套

栽培的青饲轮供以种植为主，但在产青旺季，应采集大量的野生饲草作为补充，在青饲料生长旺季，要将多余部分青贮起来，做到旺季生产淡季利用。另外，还要搞好块根、块茎类饲料的原态贮藏，以供冬春缺青时期利用。

6. 建立稳固的青饲料生产基地

由于多数养殖场或养殖户没有足够的土地资源用以青饲料的生产，因此，仅靠自身生产青饲料难于有效地组织青饲轮供。为此，应根据市场经济的原则，和当地农户建立供销关系，签订产销合同，建立稳固的青饲料生产基地，以保证青饲料的均衡供应。

第六章　牧草病虫害综合防治

一、牧草病害识别与防治

1. 霜霉病

(1) 症状表现　主要为害牧草的叶部，在发病的初期叶片出现一些多角形的水浸状的斑点，进一步病斑渐渐变为黄色，开始时一般边缘不明显，但是，以后往往受到叶脉的限制成为多角形，使得病株叶子顶部萎黄，病叶向背方卷曲，叶背面生出淡紫色的霉层，严重时叶片枯死；发病严重的地块，产草量会下降30%～40%。

(2) 防治方法　一是种植抗病的牧草品种。牧草抗霜霉病的能力存在很大的差异，可以因地制宜选用高抗品种，以降低病害的发生。二是尽早对牧草进行刈割，减少菌源，尤其注意应在早春铲除发病植株。三是合理灌溉，防止草地过湿。四是草地有发病植株出现时，可喷洒波尔多液、福美双等药剂。

2. 锈病

(1) 症状表现　常见的锈病有秆锈病、叶锈病、条锈病等。秆锈病为害叶鞘、茎秆、花柄、颖片和叶，夏孢子堆红褐色，冬孢子堆黑褐色长椭圆形。叶锈病发病部位主要为叶片。夏孢子堆小形，红褐色，近圆形，粉末状，排列不整齐，通常不穿透叶背；冬孢子堆主要在叶背或叶鞘上，黑色，长圆形，不突破表皮，扁平。条锈病主要为害叶片，也侵染叶鞘、茎秆和穗部，夏孢子堆小形，鲜黄色，不穿透叶片，椭圆形，沿叶脉排成虚线状；冬孢子堆生于叶鞘及叶部，条状，黑色，扁平，埋于表皮之内。

（2）防治方法　一是消灭寄主植物，搞好田间管理，消灭病残株体。二是对发病的草地应及时刈割，不宜收种。三是选种抗锈病的牧草品种。四是对发病的草地，用20%的萎锈灵乳油配制成200～400倍液喷雾或用15%粉锈宁1 000倍液喷雾，每隔10～15天，喷1次，喷2～3次即可。在喷洒治疗锈病的药物时，应注意不要与石灰、硫酸铜、硫酸亚铁等混用，以免生成不溶性盐，而降低药效。

3. 褐斑病

（1）症状表现　叶片出现小点状圆形的褐色斑点，边缘细齿状，直径0.5～3毫米，互相多不汇合。后期病斑上出现浅褐色盘状增厚物，多生于叶面。茎部病斑长形，黑褐色，边缘完整。病斑多半生于下部的叶和茎。

（2）防治方法　一是进行种子的清洗和消毒，合理施肥，保持氮磷钾肥的合理比例，以提高植株的抗病能力。二是选用抗病品种，豆科牧草与禾本科牧草混播。三是消灭病残株体，减少次春初侵染菌源。四是当大面积发生本病时，可以喷洒波尔多液与石灰硫磺合剂进行防治。使用这种方法进行防治时，应避免与铜、汞制剂混用。

4. 花叶病

（1）症状表现　病毒侵染植株，产生花叶，矮化或坏死斑。多发生在苜蓿、三叶草、箭筈豌豆等豆科牧草。

（2）防治方法　一是选留健株的种子播种；二是选育抗病品种；三是灭蚜防病。

5. 白粉病

（1）症状表现　主要发生在植株叶部，严重时叶鞘、茎秆和穗都可呈现病状。初期在叶片、茎秆、荚果上出现白粉状霉层，小而近圆形。后汇合扩大可以完全遮盖叶面，霉层变厚并呈灰色或淡褐色，其内生出许多黄色至黑褐色的小点（闭囊壳）。

植株出现褪绿、枯黄甚至死亡。

（2）防治方法　一是选种抗病品种，及时清理田间病株。二是冬季焚毁或以其他方法消灭残茬。三是不要使草层过于高密，保持通风透光。四是合理施肥，注意排灌，适当增施磷、钾肥。五是发病时可用1 000倍稀释的甲基托布津、多菌灵10%的可湿性粉剂进行田间喷雾。

6. 菌核病

（1）症状表现　该病侵害的主要部位是根茎与根系，造成根茎与根系变褐色，水渍状并腐烂死亡。该病常造成牧草缺苗断垄或成片死亡。

（2）防治方法　一是对准备种植牧草的地进行深翻，以防止菌核的萌发。二是对牧草种子在播前用比重1.03～1.10的盐水选种，来清除种子内混杂的菌核，然后再播种牧草。三是种植后的牧草，在夏秋季节，可喷洒多菌灵等内吸杀菌剂，防治用药2～3次，用药间隔以15天为宜。对发病严重的地块应进行倒茬轮作。

7. 黑粉病

主要有条黑粉病、秆黑粉病和雀麦黑穗病等。

（1）条黑粉病　症状表现为生长缓慢，株形细小，不能抽穗或穗小且发育不良；病叶出现长短不一的黄绿色条纹，后呈灰色，表皮破裂后露出下面的黑粉状厚垣孢子堆，随风飞散，最后病叶卷曲并撕裂呈丝状，病叶往往干枯死亡。

防治方法：一是选种抗病品种，与豆科牧草混播，重病地宜翻耕倒茬，种植非寄主植物。二是可用35%菲醌、1%硫磺粉、0.5%多菌灵、萎锈灵等药物拌种，或1%石灰水、10%多菌灵、70%甲基托布津浸种。三是可用苯来特50%可湿性粉剂170克对水45千克喷洒防治。

（2）秆黑粉病　症状表现为病株生长落后，矮化，叶扭曲变形；叶片、叶鞘和茎秆上有灰黑色凸起的条斑，后破裂散出黑粉状厚垣孢子。病株多不能抽穗结实。防治方法同条黑粉病。

(3) 条黑粉病　症状表现为在小穗内，子房和小穗颖片的基部被病菌破坏，形成泡状孢子堆，孢子堆初期外表为灰色，紧密，并被颖片覆盖，孢子成熟后暴露于外，成黑色粉末状，有时为黏着的孢子团。

防治方法：一是消灭寄主植物，选种抗病品种。二是采用温水浸种，将种子浸在53～54℃的温水中5分钟，然后取出摊开冷凉干燥。三是用萎锈灵、福美双、苯菌灵、克菌丹、杀菌灵等拌种。

8. 禾草麦角病

(1) 症状表现　发生于穗部，花器受到侵染后分泌出一种黄色蜜状黏液。后受子房膨大转硬，形成黑色，直至微弯的角状菌核突出颖稃之外（麦角），极为醒目。菌核内部为白色组织。一个穗上常只有个别小花被侵害，生成1至数个菌核，也有多至数十个。与麦角相邻的小花常不孕，成为空稃。

(2) 防治方法　一是地块选择尽量避免低洼、易涝，土壤酸性，阴坡及林木荫蔽处。二是与豆科牧草施行2～3年轮作。三是使用贮存2～3年的陈草籽进行播种。四是深耕，埋掉落土中的麦角。五是用适当浓度的苛性钾液漂选种子。六是焚烧地上枯草，烧毁菌核。七是抽穗前收割牧草，制成干草。八是培育抗病品种，不要将开花期不一致的禾本科牧草混种，播种、施肥等措施一致。

9. 菟丝子

菟丝子是一种寄生植物，种子很小，易混杂在牧草的种子和土壤中，播种牧草时会随牧草种子一起生长。有时会在种植牧草地块的土壤里直接萌芽生长，形成丝黄，寄生在牧草的茎枝上。每株菟丝子缠绕牧草3～5株，吸取牧草的养分和水分，导致牧草因养分缺乏而生长受阻，严重时会造成牧草死亡。随着草地种植栽培面积的扩大，该病害的发生范围越来越大，对草业造成的为害越来越重。

防治方法：一是加强检疫，防止菟丝子随牧草种子的传播。二是刈割或拔除染病植株，特别是在菟丝子结实之前拔除或者进行刈割，这是防止菟丝子蔓延的有效方法。

二、牧草虫害识别与防治

牧草的虫害是指由于某些有害昆虫侵害牧草而引起的牧草生长发育异常或抑制，造成牧草产草量和种子产量下降的灾害。比较常见的牧草虫害主要有以下几种。

1. 叶象甲

（1）形态特征　成甲是褐色的，长约 4.75 毫米，背部有深色条纹，其长度超过体长的一半。随着年龄老化，许多成虫变为均一的深褐色。雌成虫产卵呈堆状，内有 1～30 粒柠檬黄色的卵，卵长约 0.52 毫米，卵产于苜蓿茎部被它们咬成的空洞内，在孵化前卵变为深褐色。气候温暖时 1～2 周即可孵化，但气候较冷时孵化期较长。幼虫初长约 1.27 毫米，淡黄色，头部黑色并有光泽，3～4 周后老熟的幼虫长约 9.53 毫米，淡绿色，头部黑色而在背部有白色条纹。化蛹于网状蚕内，蚕固着于植株上或是地面的残体上，1～2 周后成虫羽化。大多数地区叶象甲每年只产生一代，以成虫越冬，早春成虫变更年产卵。初夏，大部分幼虫成熟，化蛹后变为成虫。

（2）防治方法　一是农业防治：春季牧草萌发前耙地，疏松土壤；采取收割干草与留种交替进行；春季受害严重时可提早收割并低割留茬不超过 4～5 厘米；做干草收割时间应在孕蕾期或开花率达 30% 时进行。二是化学防治：80% 西维因粉剂每亩用 100 克，或 80% 敌百虫每亩 65 克，或 50% 马拉硫磷 1 200～2 000倍液，施药后即可收割。

2. 夜蛾

（1）形态特征　成虫体长约 15 毫米，翅展约 35 毫米。前翅灰褐色带青色。缘毛灰白色，沿外缘有 7 个新月形黑点，近外缘有浓淡不均的棕褐色横带；翅中央有 1 块深色斑，有的可分出较暗的肾状纹，上有不规则小点。后翅色淡，有黄白色缘毛，外缘有黑色宽带，带中央有白斑，前部中央有弯曲黑斑。卵半球形，直径约 0.6 毫米，卵面有棱状纹，初产白色，后变黄绿色。幼虫老熟时体长约 40 毫米，头部绿色、黄色或粉红色，有褐色点，每 5 ~7 个一组，中央的斑点形成倒“八“字形。体色变化大，有淡绿色、灰绿色、棕绿色等，背线暗色，亚背线白色有暗边，气门线黄绿色。气门中央黄色，边缘色深，第 8 腹节气门比第 7 节的约大一倍。蛹长约 20 毫米，褐色，末端有 2 根刺状刚毛。

（2）防治方法　一是农业防治：用黑光灯或糖醋液诱杀成虫；秋翻地，消灭一部分越冬虫蛹。二是化学防治：用 90% 晶体敌百虫 1 000倍液或 80% 敌敌畏 1 000倍液或 2.5% 溴氰菊酯 2 500倍液连续叶面喷施 2 ~3 遍。用生物农药苏云金菌乳剂 800 倍液喷雾或青虫菌、杀螟杆菌（每克含活孢子数 100 亿以上）1 千克，加水 800 千克，并加入 0.1% 洗衣粉喷雾效果较好。

3. 籽蜂

（1）形态特征　成虫雌蜂体长 1.2 毫米，全体黑色。头大，有粗刻点，腹眼酱褐色，单眼微带棕色；触角较短，共 10 节，柄节最长；胸部特别隆起，刻点粗，无光泽；腹部侧偏，腹末板呈犁形。雄蜂体长 1.4 ~1.8 毫米，触角较长，9 节，柄节基半部淡棕色，端部膨大为黑色；腹部末端圆形。卵圆形，长 0.04 毫米，宽 0.02 毫米；一端具细长的丝状柄；卵有光泽，半透明。初龄幼虫绿色，长大后白色；无足，体长 2 毫米。蛹初化时为白色，后变乳黄色，近羽化时为黑色；复眼红色。

（2）防治方法　播种前期：在播种前半月（之前 3 ~4 周用

根瘤菌拌种）采用药剂混合拌种，即80%可湿性福美双粉剂+68%可湿性七氯粉剂（3~4千克/吨）。防治杆蝇、根瘤象甲及褐斑病。分枝期：留种田喷洒60%地亚农乳剂（350毫升/亩）。现蕾期：喷洒0.2%乐果乳剂（350毫升/亩）或80%可湿性敌百虫粉剂（15克/亩）或20%甲基E-605乳剂（6克/亩）。此外，也可以采取轮作、早割、低割、烧茬、翻耕、灌水、施肥等措施进行防治。

4. 蚜虫

（1）形态特征　有有翅胎生蚜和无翅胎生蚜两种。有翅胎生蚜成虫体长1.5~1.8毫米，黑绿色，有光泽；触角6节；翅基翅痣、翅脉橙黄色；腹部有硬化的暗褐色横纹；腹管黑色，圆筒状，端部稍细，具覆瓦状花纹；尾片黑色，上挠，两侧各有3根刚毛。若虫体小，黄褐色，体被薄蜡粉；翅芽基部暗黄色，腹管细长黑色，尾片黑色，短而不上挠。

无翅胎生蚜成虫体长1.8~2.0毫米，体较肥胖，黑色或紫黑色，有光泽，体被均匀的蜡粉；触角6节；腹部体节分界不明显，背面具一块大形灰色的骨化斑。若虫体小，灰紫色或黑褐色。

（2）防治方法　一是对蚜虫的防治应及早进行，在栽培措施上通过早春耕地或冬季灌水均能杀死大量蚜虫，采用苜蓿与禾本科牧草或农作物轮作，及时清除田间杂草等措施，也能有效减少蚜虫的为害。二是在防治上最好采用生物防治，利用蚜虫天敌消灭蚜虫。三是蚜虫为害严重时，应采用化学防治，通过使用乐果或40%氧化乐果乳油2 000倍液喷洒，因乐果有副作用，应间隔使用。

5. 盲椿象

（1）形态特征　绿盲椿象，又称牧草盲蝽。绿盲椿象属半翅目，盲椿科。若虫体呈绿色，有黑色细毛，翅芽端部黑色；成虫体长约5毫米，呈绿色，前胸背板为深绿色，有许多小黑点。

前翅基部为绿色，端部为灰色。

（2）防治方法　对发生虫灾的大田牧草可以采取及时刈割的办法，收获后调制干草或直接饲喂畜禽。对种子田为害不太严重时，可在牧草开花孕蕾期喷洒50%敌敌畏乳剂1 000～1 500倍稀释液。

6. 麦秆蝇

（1）形态特征　俗称钻心虫，主要为害禾本科牧草。成蝇3.0～4.5毫米，体黄绿色，复眼黑色、翅脉黄色，足黄绿色，跗节暗色。胸部背面有3条纵纹。腹部背面也有纵纹。幼虫，体像蛆型，呈黄绿或淡黄绿色，口钩黑色，前气门分支。

（2）防治方法　一是深翻土地，增施肥料，适时早播浅播，合理密植；二是可喷洒50%氧化乐果1 000～1 500倍稀释液；或0.1%敌敌畏与0.1%乐果1∶1混合液。

7. 金龟子

（1）形态特征　成虫体多为卵圆形，或椭圆形，触角鳃叶状，由9～11节组成，各节都能自由开闭。体壳坚硬，表面光滑，多有金属光泽。前翅坚硬，后翅膜质，多在夜间活动，有趋光性。有的种类还有拟死现象，受惊后即落地装死。成虫一般雄大雌小，为害植物的叶、花、芽及果实等地上部分。夏季交配产卵，卵多产在树根旁土壤中。幼虫乳白色，体常弯曲呈马蹄形，背上多横皱纹，尾部有刺毛，生活于土中，一般称为“蛴螬”。

（2）防治方法　一是农业防治：精耕细作，深耕细耙，机械杀虫；合理施肥，使用腐熟的有机肥；适时浇水，土壤含水处于饱和状态时，影响卵孵化和低龄幼虫成活；清除杂草，随犁田捡拾幼虫。二是化学防治：播种前采用药剂处理土壤和药剂拌种；成虫期可以用高效复配杀虫剂喷施消灭成虫，也可用树条浸农药诱杀；生长期可用辛拌磷或辛硫磷颗粒剂拌细土后撒施在草地上，结合锄地埋入土中，药剂越接近根部效果越好。

8. 黏虫

（1）形态特征　成虫体长15～17毫米，翅展36～40毫米。头部与胸部灰褐色，腹部暗褐色。前翅灰黄褐色、黄色或橙色，变化很多；内横线往往只现几个黑点，环纹与肾纹褐黄色，界限不显著，肾纹后端有一个白点，其两侧各有一个黑点；外横线为一列黑点；亚缘线自顶角内斜至翅脉；缘线为一列黑点。后翅暗褐色，向基部色渐淡。卵长约0.5毫米，半球形，初产白色渐变黄色，有光泽。卵粒单层排列成行成块。老熟幼虫体长38毫米。头红褐色，头盖有网纹，额扁，两侧有褐色粗纵纹，略呈八字形，外侧有褐色网纹。体色由淡绿至浓黑，变化甚大（常因食料和环境不同而有变化）；在大发生时背面常呈黑色，腹面淡污色，背中线白色，亚背线与气门上线之间稍带蓝色，气门线与气门下线之间粉红色至灰白色。腹足外侧有黑褐色宽纵带，足的先端有半环式黑褐色趾钩。蛹长约19毫米；红褐色；腹部5～7节背面前缘各有一列齿状点刻；臀棘上有刺4根，中央2根粗大，两侧的细短刺略弯。

（2）防治方法　对黏虫的防治可采用人工扑杀和药物防治两种方法。人工扑杀的方法，就是根据黏虫的成虫即蛾子在白天会钻进草堆的特点，在牧草地里用麦秸扎成小草把插在地里，每天将草把取下，用火焚烧蛾子或将蛾子踩死，通过这种消灭成虫的方法可达到消灭黏虫的目的。用菊酯类药剂进行喷撒。为提高药效可早用药，尽可能把其消灭在幼虫期，防止成虫的大量繁殖。

三、牧草鼠害防治

害鼠不仅仅消耗大量牧草、与牛羊争食，更严重的在于，数以亿计的害鼠成年累月地对草地进行挖掘、啃食及践踏，破坏了草地生态环境，使优良草场沦为寸草不生的“黑土滩”（裸地）。

目前，对鼠类的防治方法有物理灭鼠、化学灭鼠、生物灭鼠和生态学灭鼠四种类型。物理、化学、生物灭鼠则为灭鼠，生态学灭鼠属于防鼠。

（一）灭鼠方法

1. 物理灭鼠

利用物理学原理（力学平衡原理和杠杆作用）制成捕鼠器械，用于灭鼠。我国利用器械灭鼠历史悠久，早在公元前的书籍上就有圈套、陷阶捕鼠的记载。在长期的灭鼠斗争中，人们创造出很多种灭鼠器械，针对不同鼠种用不同的器械进行捕灭。器械灭鼠具有对环境不留毒害、鼠尸容易消除、灭鼠效果明显等优点。缺点是费工、成本高、投资大。

现有的灭鼠器械约有二三百种，大致可分为夹类、笼类、压板类、刺杀类、套扣类、水淹类、扣捕类等。许多种类的结构和原理基本相同，易于操作应用。随着科学技术的进步，现代灭鼠法中又有超声波、电子捕鼠器和粘鼠法等新方法。

2. 化学灭鼠

化学灭鼠法又称药物灭鼠法，是指使用有毒化合物杀灭鼠类的方法。化学杀鼠剂包括胃毒剂、熏杀剂、驱进剂和绝育剂等。其中以胃毒剂（也称经口药）的使用最为广泛。其使用方式是制成各种毒饵，效果好，用法简便，用量很大，其次是毒粉、毒水和毒胶等。主要是有机化合物，其次是无机化合物和植物及其提取物，还有抗菌素和人用的镇静类药物，近年来也被用于灭鼠。熏蒸灭鼠在野外使用的比较多，主要使用各种化学熏蒸剂和各种烟雾剂。驱避剂和绝育剂也开始在较大面积试用。

3. 生物灭鼠

自然界生物间存在着极其复杂、相互依存又相互制约的联系。利用某些生物来防治对人类有害的生物的方法，就是生物防治。也叫生物防除。鼠类的生物防治，通常是指其天敌（食肉动物）和微生物（致病病原生物）抑制鼠害发生、发展和蔓延的手段。

4. 生态学灭鼠

其内容包括环境改造、断绝鼠粮、防鼠建筑、消除鼠类隐柜居处所等，以改变、破坏适于害鼠生活的环境条件。改变环境条件并不能直接或立即杀死鼠类，但改变的环境对鼠类生活不利，可减少鼠类的增殖或增加其死亡率，从而降低害鼠的密度。防鼠虽是治本的办法，但必须与灭鼠兼施，综合治理，才能收到预期的效果。

灭鼠方法各有特点，使用时互相搭配，充分发挥各种方法的长处，才能花较少的人力物力，收到较好的效果。以免在反复灭鼠过程中，鼠类产生对灭鼠措施的适应性，应不断交替使用方法，才能收到理想效果。四大类灭鼠方法中，应用最广、发展最快者为化学防治（即药物灭鼠）、比较简便易行，见效快。要组织好群众，因鼠、因地、因时制宜，科学用药，可以在两周内迅速压低鼠密度。不能一劳永逸，只有持之以恒，再配合平常环境治理，才能有效地控制鼠类的为害。

（二）合理选用灭鼠药

目前，国内外可供选择的杀鼠药物达数十种，使用应根据灭鼠对象、环境、范围、时间选择适当的药物，以提高灭效，降低投入成本。选择原则如下。

1. 选用已登记的合格产品

鼠药是特殊产品，国家管理特别严格，产品需经国家石油和化工局批准及农业部农药检定所登记，方可生产、加工、销售，选购时一定要使用具有“三证”（准产证、登记证、质量合格证）的合格产品。

2. 毒力适中

常用杀鼠剂的毒力应在剧毒和高毒两级范围内。毒力太强使用不安全，且配制工艺要求高；毒力太弱则投药量增加，会影响毒饵道口性，成本也相应提高。

3. 适口性要好

经口杀鼠剂只有被鼠取食后才能起作用，如果药物具有鼠类不喜食的气味，往往会降低灭鼠效果。

4. 药物的选择性

选择对主要害鼠毒力强，而对人、畜、禽类毒力弱的药物。

5. 抗药性

对已发现抗药性鼠类的地区，在杀灭时应避免使用过去曾投放过的药剂，而应改用其他药剂，即避免重复用药。最好是急、慢性药交替使用，才能延续或避免产生抗药性。

6. 药物的作用速度

杀鼠剂的作用速度包括两个含义：一是鼠类来食毒饵到产生不良感受的时间；二是从食入毒饵到死亡的时间。有的药作用速度较快，出现症状后迅速致死，这类药被称为急效药（急性药）；有些药则在食入后需经长时间（2～3天后）才能使鼠致死，被称为缓效药（慢性药）。无论急性药、慢性药都存在各自的特长和不足。就我国大多数地区的农田、草原、森林防治情况看，还应提倡使用慢性抗凝血剂。它比较安全，全国已大面积使用多年，未曾发现人、畜、禽中毒事故，二次中毒现象也轻于急性药。在使用过程中只要科学用药，急慢性药有计划地交替使用，就能达到预期的效果。

7. 化学稳定性

杀鼠剂的化学稳定性有两个方面：一是指在常温下不挥发、不变质，以及在制作毒饵后不与饵料中的黏着剂、诱鼠剂等发生化学反应的性能；二是指在被动物采食后能迅速分解的性能。前者若不稳定则可降低药效或造成环境污染，通常要采药剂有较强的稳定性；而对于后者则要求尽可能很快分解为无毒产物，以避免其他动物特别是鼠类的天敌食入死鼠后，造成二次中毒。对化学性质不太稳定的药剂，应严格按操作规程保管、运输、投放。对具挥发性的药剂如甘氟，不宜在室内使用。停止使用那些化学稳定性不强、选择性差的剧毒药剂，如氯乙酸胺、氟乙酸、氟乙酸钠、毒鼠强（四二四）、毒鼠硅等，这类药国家已明文规定禁止使用。

8. 解毒剂

杀鼠剂在正式使用时，应配有相应的解毒剂说明，以治疗人、畜中毒。鼠药的解毒剂应能迅速有效化解杀鼠剂的致毒作用，如慢性抗凝血杀鼠剂的特效解毒剂为维生素 K_1。没有特效解毒剂的杀鼠剂不安全，一般不宜使用。

9. 水溶性或脂溶性

若杀鼠剂具有水溶性或脂溶性，则有利于毒饵配制。通常杀鼠剂本身的用量低，在干燥状态下配制的工艺要求高，不易达到标准。如能将鼠药溶于水或油脂及有机溶剂（如酒精）中，就可简化工艺，便于操作。为提高毒饵的适口性，有时还需要其中加入植物油或脂溶性的药物。

第七章 牧草收获与加工

一、牧草收获

（一）牧草的收割时期

确定牧草适宜刈割期应注意如下原则：一是以单位面积内营养物质产量的最高时期或以单位面积的可消化总养分最高时期为标准；二是有利于牧草的再生、多年生或越年生（二年生）牧草的安全越冬和返青，并对翌年的产量和寿命无影响；三是根据不同的利用目的来确定，如生产蛋白质、维生素含量高的苜蓿干草粉，应在孕蕾期进行刈割；若在开花期刈割，虽草粉产量较高，但草粉质量明显下降；天然割草场，应以草群中主要牧草（优势种）的最适刈割期为准。

1. 豆科牧草的最适收割期

豆科牧草富含蛋白质（占干物质的16% ~22%）及维生素和矿物质，而不同生育期的营养成分变化比禾本科牧草更为明显。例如，开花期刈割比孕蕾期刈割粗蛋白质含量减少1/3 ~ 1/2，胡萝卜素减少1/2 ~5/6，特别是干旱炎热以及强烈日光照射下，植物衰老过程加速，纤维素、木质素增加，导致豆科牧草品质迅速下降。在现蕾期叶片重量要比茎秆重量大，而至终花期则相反，因此，收获越晚，叶片损失越多，品质就越差。早春收割幼嫩的豆科牧草对其生长是有害的，会大幅度降低当年的产草量，并降低来年苜蓿的返青率。另外，北方地区豆科牧草最后一次的收割需在早霜来临前一个月进行，以保证越冬前其根部能积累足够的养分，保证安全越冬和来年返青。综上所述，从豆科牧草产量，营养价值和有利于再生等情况综合考虑，豆科牧草的最适收割期应为现蕾盛期至始花期。

2. 禾本科牧草的最适收割期

禾本科牧草在拔节至抽穗以前，叶多茎少，纤维素含量较低，质地柔软，蛋白质含量较高，但到后期茎叶比显著增大，蛋白质含量减少，纤维素含量增加，消化率降低。对多年生禾本科牧草而言，总的趋势是粗蛋白、粗灰分的含量在抽穗前期较高，开花期开始下降，成熟期最低；而粗纤维的含量，从抽穗至成熟期逐渐增加。从产草量上看，一般产量高峰出现在抽穗期—开花期，也就是说禾本科牧草在开花期内产量最高，而在孕穗—抽穗期饲料价值最高。根据多年生禾本科牧草的营养动态，同时兼顾产量、再生性以及下一年的生产力等因素，大多数多年生禾本科牧草在用于调制干草或青贮时，应在抽穗—开花期刈割。秋季在停止生产前30天刈割。

（二）刈割高度

牧草的刈割高度直接影响到牧草的产量和品质，还会影响来年牧草的再生速度和返青率。一般来说，对1年只收割1茬的多年生牧草来说，刈割高度可适当低些，刈割高度为4～5厘米时，当年可获得较高产量，且不会影响越冬和来年再生草的生长；而对1年收割两茬以上的多年生牧草来说，每次的刈割高度都应适当高些，宜保持在6～7厘米，以保证再生草的生长和越冬。

对于大面积牧草生产基地，一定要控制好每次收割时的留茬高度，如果留茬过高，枯死的茬枝会混入牧草中，严重影响牧草的品质，降低牧草的等级，直接影响到牧草生产的经济效益。

在气候恶劣，风沙较大或地势不平、伴有石块和鼠丘的地区，牧草的刈割高度可提高到8～10厘米，以有效保持水土，防止沙化。

（三）收割方法

1. 人工割草

人工割草在我国农区和半农半牧区，仍然是主要的割草方法。人工割草通常用镰刀或钐刀两种工具。镰刀割草的效率较低，适用于小面积割草场，一般每人每天可刈割 250 ~ 300 千克鲜草。钐刀是一种刀片宽达 10 ~15 厘米，柄长 2. 0 ~2. 5 米的大镰刀，它是靠人的腰部力量和臂力轮动钐刀，来达到割草目的，并直接集成草垄。利用钐刀割草要比用镰刀效率高得多，一般情况下，每人每天可刈割 1 200 ~ 1 500千克鲜草。

2. 机械化割草

随着我国草业的发展，机械化收割牧草也已逐渐得到了推广和普及。一方面一些大型牧草生产加工企业引进了国外一些先进的牧草机械设备，同时，国内的牧业机械厂也积极开发生产出了一批经济实惠、适用性强的牧草机械设备。

机动割草机可分为牵引式和悬挂式两种。

（1）牵引式　国产牵引式单刀割草机，割幅 2. 1 米，前进速度 5 千米/小时，可割草 12 ~ 15 亩/小时，留茬平均高度为 5. 3 厘米，可用 15 ~ 30 马力拖轮式拖拉机牵引；机引三刀割草机，当前进速度为 5. 5 千米/小时，可割草 45 亩/小时。

（2）悬挂式　属于悬挂式的割草机有手扶侧悬挂割草机，割幅 2. 1 米，割茬高度最低为 5 厘米，当前进速度为 6. 2 千米/小时时，可割草 12 ~ 186 亩/小时。以上均是往复式割草机。

目前，旋转式割草机发展较快，它利用装在回转滚筒或圆盘上的刀片进行割草。滚筒或圆盘成相反方向，旋转速度为 1 800 ~ 3 000转/分钟，工作速度每小时可达 25. 8 千米，工作幅宽 1. 5 ~1. 8 米。国产旋转条放割草机割幅为 3 米，割草高度可控制在2 ~ 12 厘米，割后自动集成条堆，条堆幅宽 60 ~ 70 厘米，省去了搂草工作。若前进速度为 9 千米/小时，割草 40 亩/小时。

在风力为6~7级时仍能割草（表7-1）。该机机械结构简单，易操作、修理，但切割刀盘在遇到障碍物时不能升降，此外该机割下的草较碎。目前国外大多使用滚筒式、圆盘式或水平旋转式割草机，这些割草机坚固耐用，工作速度快。这些机具一次通过就能完成刈割、压扁、成条3道工序。

表7-1 我国当前使用的苜蓿割草机和自动捡拾打捆机

割草机型号	自动捡拾打捆机型号	产地
MORTL	FORTSCHRITT	德国
FC250克	Mr. 2000DX	日本
1120HESSTON	139MASSEY	美国
CASE8330	CASE8545	美国
9克X-1.7（新疆）	9JK-1.7（内蒙古）	中国

二、干草调制

牧草的干燥是牧草生产过程中的关键环节，能否把大量的牧草变成可利用的优质牧草商品，就取决于这一环节的成败。

刚刚收割的新鲜牧草，含水约50%~80%，干草的含水量15%~18%，最多不能超过20%，为了获得低含水量的干草，必须使植物体内散失大量的水分。在牧草干燥过程中的总损失量里，以机械作用造成的损失为最大，可达15%~20%，尤其是豆科干草叶片脱落造成的损失；其次是呼吸作用消耗造成的损失，达10%~15%；由于酶的作用造成的损失约5%~10%；由于雨露等淋洗溶解作用造成的损失则为5%左右。总之，优质的干草应该是适时刈割、含叶量丰富、色绿而具有干草特有的芳香味，不混杂有毒有害物质，含水分在17%以下，这样才能抑制植物体内酶和微生物的活动，使干草能够长期贮存而不变质。

（一）干草调制方法

在牧草干燥过程中，必须掌握以下基本原则：尽量加速牧草的脱水，缩短干燥时间，以减少由于生理、生化作用和氧化作用造成的营养物质损失。尤其要避免雨水淋溶；在干燥末期应力求植物各部分的含水量均匀；牧草在干燥过程中，应防止雨露的淋湿，并尽量避免在阳光下长期暴晒。应当先在草场上使牧草凋萎，然后及时搂成草垄或小草堆进行干燥。干旱地区，干草产量较低，刈割后直接将草搂成草垄进行干燥；集草、聚堆、压捆等作业，应在植物细嫩部分尚不易折断时进行。

牧草干燥方法的种类很多，但大体上可分为两类，即自然干燥法和人工干燥法。自然干燥法主要有地面干燥法。

1. 地面干燥法

我国东北、内蒙古自治区东部以及南方一些山地草原区，刈割期正值雨季，应注意使牧草迅速干燥。

牧草刈割后就地干燥 4 ~ 6 小时，使其含水量降至 40% ~ 50% 时，用搂草机搂成草垄继续干燥。当牧草含水量降到35% ~ 40%，牧草叶片尚未脱落时，用集草器集成草堆，经 2 ~ 3 天可达完全干燥。豆科牧草在叶子含水分 26% ~ 28% 时叶片开始脱落；禾本科牧草在叶片含水量为 22% ~ 23%，即牧草全株的总含水量在 35% ~ 40% 以下时，叶片开始脱落。为了保存营养价值高的叶片，搂草和集草作业应在叶片尚未脱落以前，即牧草含水量不低于 35% ~ 40% 时进行。

牧草在草堆中干燥，不仅可以防止雨淋和露水打湿，而且可以减少日光的光化学作用造成的营养物质损失，增加干草的绿色及芳香气味。试验证明，搂草作业时，侧向搂草机的干燥效果优于横向搂草机。例如，干燥时期相同，使用侧向搂草机搂成的草垄中，牧草在堆成中型草堆前，含水分为 17.5%，全部干燥期间，干物质损失 3.64%，胡萝卜素的损失为 60.4%；而使用横向搂草机，则分别为 29%、6.73% 和 62.1%。

2. 人工干燥法

在自然条件下晒制干草，营养物质损失较多，若采用人工干燥法，利用大气的快速流动和高温进行迅速干燥可有效避免牧草营养物质的损失。人工干燥的原理是扩大牧草与大气间的水分势的差距，使失水速度加快。由于空气的高速流动带走了牧草周围的湿气，并且减少水分移动的阻力。目前，常用的人工干燥法有鼓风干燥法和高温快速干燥法。

（1）鼓风干燥法　把刈割后的牧草压扁并在田间预干到含水50%时，装在设有通风道的干草棚内，用鼓风机或电风扇等吹风装置进行常温鼓风干燥。这种方法可有效降低牧草营养物质的损失。

（2）高温快速干燥法　是将鲜草切短，通过高温气流，使牧草迅速干燥。干燥时间的长短，决定于烘干机的种类和型号，从几小时到几分钟，甚至数秒钟，牧草的含水量从80%～85%下降到15%以下。接着将干草粉碎制成干草粉或经粉碎压制成颗粒饲料。虽然烘干机中热空气的温度很高，但牧草的温度很少超过30～35℃。人工干燥法使牧草的养分损失很少，但是，烘烤过程中，蛋白质和氨基酸受到一定的破坏，而且高温可破坏青草中的维生素C。胡萝卜素的破坏不超过10%。

综上所述，地面晒制的干草，蛋白质和胡萝卜素损失最多，人工机械法调制的干草损失最少，架上晒制的损失居于两者之间。

在生产中，亦可将刈割后的鲜草在田间晾晒一段时间，当鲜草含水量降至某程度，因气候条件不允许继续晾晒下去，或因空气湿度较大，不可能在短期内使水分降低到安全水分时，将这些半干草人工干燥，并加工成所需的草产品。这种方法的优点是，烘干时所耗能量较小，固定投资和生产成本均较低，可提高生产效益。这一方法适合在降水量300～650毫米的地区使用。

3. 其他加速牧草干燥的方法

（1）压裂牧草茎秆　牧草干燥时间的长短，实际上取决于茎干燥时间的长短。如豆科牧草及一些杂类草当叶片含水量降低到15%～20%时，茎的水分仍为35%～40%，所以加快茎的干燥速度，就能加快牧草的整个干燥过程。

使用牧草压扁机将牧草茎秆压裂，破坏茎的角质层以及维管束，并使之暴露于空气中，茎内水分散失的速度就可大大加快，基本能跟上叶片的干燥速度。这样既缩短了干燥期，又使牧草各部分干燥均匀。许多试验证明，好的天气条件下，如牧草茎秆压裂，干燥时间可缩短1/2～1/3。这种方法最适于豆科牧草，可以减少叶片脱落，减少日光暴晒时间，养分损失减少，干草质量显著提高，能调制成含胡萝卜素多的绿色芳香干草。牧草刈割后压裂，虽可造成养分的流失，但与加速干燥所减少的营养物质损失相比，还是利多弊少。

目前国内外常用的茎秆压扁机有两类，即圆筒型和波齿型。圆筒型压扁机装有捡拾装置，压扁机将草茎纵向压裂；而波齿型压扁机有一定间隔将草茎压裂。一般认为：圆筒型压扁机压裂的牧草，干燥速度较快，但在挤压过程中往往会造成鲜草汁液的外溢，破坏茎叶形状，因此，要合理调整圆筒间的压力，以减少损失。现代化的干草生产常将牧草的收割、茎秆压扁和铺成草垄等作业，由机器连续一次完成。牧草在草垄中晒干后（3～5天），便由干草捡拾压捆机将干草压成草捆。

（2）双草垄速干法　割草后稍微干燥一下，即用搂草机搂成双行的小草垄。经过一定程度干燥后，再用左右两组联挂的侧向搂草机把两行草垄合为一行。这样可使牧草在草垄中比较疏松，有利于空气流通。此法适于在产草量中等（150～200千克/亩）的割草场应用。

（3）豆科牧草与作物秸秆分层压扁法（秸秆碾青法）　使豆科适时刈割，先把麦秸或稻草铺成平面，厚约10厘米；中间铺鲜苜蓿10厘米；上面再加一层麦秸或稻草。然后用轻型拖拉机或其他镇压器进行碾压，到苜蓿草的绝大部分水分被麦秸或稻草吸收为止。最后晾晒风干、堆垛，垛顶抹泥防雨。此法调制的苜蓿干草呈绿色，品质好，同时还提高了麦秸和稻草的营养价值。适于小面积高产豆科牧草的调制。压捆和破碎干草的可消化营养物质比散晒干草高8%～10%。调制破碎干草不仅可提高饲料品质，而且能改善其加工性能。可单独或配合成混合饲料使用。

(4) 施用化学制剂加速田间牧草（豆科）的干燥　近年来，国内外研究对刈割后的苜宿喷洒碳酸钾溶液和长链脂肪酸酯，破坏植物体表的蜡质层结构，使干燥加快。

(二) 干草贮藏

干草贮藏是牧草生产中的重要环节，可保证一年四季或丰年歉年干草的均衡供应，保持干草较高的营养价值，减少微生物对干草的分解作用。干草水分含量的多少对干草贮藏成功与否有直接影响，因此，在牧草贮藏前应对牧草的含水量进行判断。生产上大多采用感官判断法来确定干草的含水量。

1. 干草水分含量的判断

当调制的干草水分达到15%～18%时，即可进行贮藏。为了长期安全的贮存干草，在堆垛前，应使用最简便的方法判断干草所含的水分，以确定是否适于堆藏。其方法如下。

(1) 含水分15%～16%的干草　紧握发出沙沙声和破裂声(但叶片丰富的低矮牧草不能发出沙沙声)，将草束搓拧或折曲时草茎易折断，拧成的草辫松手后几乎全部迅速散开，叶片干而卷。禾本科草茎节干燥，呈深棕色或褐色。

(2) 含水分17%～18%的干草　握紧或搓揉时无干裂声，只有沙沙声。松手后干草束散开缓慢且不完全。叶卷曲，当弯折茎的上部时，放手后仍保持不断。这样的干草可以堆藏。

(3) 含水分19%～20%的干草　紧握草束时，不发出清楚的声音，容易拧成紧实而柔韧的草辫，搓拧或弯曲时保持不断。不适于堆垛贮藏。

（4）含水分23%～25%的干草　搓揉没有沙沙声，搓揉成草束时不易散开。手插入干草有凉的感觉。这样的干草不能堆垛保藏，有条件时，可堆放在干草棚或草库中通风干燥。

2. 散干草的堆藏

当调制的干草水分含量达15%～18%时即可进行堆藏，堆藏有长方形垛和圆形垛两种，长方形草垛一般宽4.5～5米，高6～6.5米，长不少于8米；圆形草垛一般直径应4～5米，高6～6.5米。为了防止干草与地面接触而变质，必须选择高燥的地方堆垛，草垛的下层用树干、稿秆或砖块等作底，厚度不少于25厘米。垛底周围挖排水沟，沟深20～30厘米，沟底宽20厘米，沟上宽40厘米。垛草时要一层一层地堆草，长方形垛先从两端开始，垛草时要始终保持中部隆起高于周边，以便于排水。堆垛过程中要压紧各层干草，特别是草垛的中部和顶部。从草垛全高的1/2或2/3处开始逐渐放宽，使各边宽于垛底0.5米，以利于排水和减轻雨水对草垛的漏湿。为了减少风雨损害，长方形垛的窄端必须对准主风方向，水分较高的干草堆在草垛四周靠边处，便于干燥和散热。气候潮湿的地区，垛顶应较尖，干旱地区，垛顶坡度可稍缓。垛顶可用劣质草铺盖压紧，最后用树干或绳索等重物压住，预防风害。

散干草的堆藏虽经济节约，但易受雨淋、日晒、风吹等不良条件的影响，使干草褪色，不仅损失营养成分，还会造成干草霉烂变质。试验表明，干草露天堆藏，营养物质的损失最多达20%～30%，胡萝卜素损失50%以上。长方形垛贮藏一年后，周围变质损失的干草，在草垛侧面厚度为10厘米，垛顶为25厘米，基部为50厘米，其中，以侧面所受损失为最小，因此，应适当增加草垛高度以减少干草堆藏中的损失。

干草的堆藏可由人工操作完成，也可由悬挂式干草堆垛机或干草液压堆垛机完成。

3. 干草捆的贮藏

干草捆体积小，密度大，便于贮藏，一般露天堆垛，顶部加防护层或贮藏于干草棚中。草垛的大小一般为宽5~5.5米，长20米，高18~20层干草捆。底层草捆应和干草捆的宽面相互挤紧，窄面向上，整齐铺平，不留通风道或任何空隙。其余各层堆平（窄面在侧，宽面在上下）。为了使草捆位置稳固，上层草捆之间的接缝应和下层草捆之间的接缝错开。从第2层草捆开始，可在每层中设置25~30厘米宽的通风道，在双数层开纵向通风道，在单数层开横向通风道，通风道的数目可根据草捆的水分含量确定。干草一直堆到8层草捆高，第9层为“遮檐层”，此层的边缘突出于8层之外，作为遮檐，第10层、11层、12层以后成阶梯状堆置，每一层的干草纵面比下一层缩进2/3或1/3捆长，这样可堆成带檐的双斜面垛顶，垛顶共需堆置9~10层草捆。垛顶用草帘或其他遮雨物覆盖。干草捆除露天堆垛贮藏外，还可以贮藏在专用的仓库或干草棚内，简单的干草棚只设支柱和顶棚，四周无墙，成本低。干草棚贮藏可减少营养物质的损失，干草棚内贮藏的干草，营养物质损失1%~2%，胡萝卜素损失18%~19%。

4. 半干草的贮藏

在湿润地区、雨季或调制叶片易脱落的豆科牧草时，为了适时刈割牧草加工优质干草，可在半干时进行贮藏。这样可缩短牧草的干燥期，避免低水分牧草在打捆时叶片脱落。在半干牧草贮藏时要加入防腐剂，以抑制微生物的繁殖，预防牧草发霉变质。贮藏半干草选用的防腐剂应对家畜无毒，具有轻微的挥发性，且在干草中分布均匀。

（1）用氨水处理　氨和铵类化合物能减少高水分干草贮藏过程中的微生物活动。氨已被成功地用于高水分干草的贮藏过程。牧草适时刈割后，在田间短期晾晒，当含水量为35%~

40%时即可打捆，并加入25%的氨水，然后堆垛用塑料膜覆盖密封。氨水用量是干草重的1%～3%，处理时间根据温度不同而异，一般在25℃时，至少处理21天，氨具有较强的杀菌作用和挥发性，对半干草的防腐效果较好。

（2）用尿素处理　尿素通过脲酶作用在半干草贮藏过程中提供氨，其操作要比氨容易得多。高水分干草上存在足够的脲酶，使尿素迅速分解为氨。添加尿素与对照（无任何添加）相比草捆中减少了一半真菌，降低了草捆的温度，提高了牧草的适口性和消化率。用尿素处理紫花苜蓿时，尿素使用量是40千克/吨紫花苜蓿干草。

（3）用有机酸处理　有机酸能有效防止高水分（25%～30%）干草的发霉和变质，并减少贮藏过程中营养物质的损失。丙酸、醋酸等有机酸具有阻止高水分干草表面霉菌的活动和降低草捆温度的效应。对于含水量为20%～25%的小方捆来说，有机酸的用量应为0.5%～1.0%；含水量为25%～30%的小方捆，使用量不低于1.5%。

（4）用微生物防腐剂处理　从国外引进的先锋1155号微生物防腐剂是专门用于紫花苜蓿半干草的微生物防腐剂。这种防腐剂使用的微生物是从天然抵抗发热和霉菌的高水分苜蓿干草上分离出来的短小芽孢杆菌菌株。它应用于苜蓿干草，在空气存在的条件下，能够有效地与干草捆中的其他腐败微生物进行竞争，从而抑制其他腐败细菌的活动。先锋1155号微生物防腐剂在含水量25%的小方捆和含水量20%的大圆草捆中使用，效果明显，其消化率、家畜采食后的增重都优于对照。

（三）干草的品质鉴定

干草品质鉴定分为化学分析与感官判断两种。化学分析也就是实验室鉴定，包括水分、干物质、粗蛋白质、粗脂肪、粗纤维、无氮浸出物、粗灰分及维生素、矿物质含量的测定，各种营养物质消化率的测定以及有毒有害物质的测定。生产中常用感官判断，它主要依据下列5个方面粗略地对干草品质作出鉴定。

1. 颜色气味

干草的颜色是反映品质优劣最明显的标志。优质干草呈绿色，绿色越深，其营养物质损失就越小，所含可溶性营养物质、胡萝卜素及其他维生素越多，品质越好。适时刈割的干草都具有浓厚的芳香气味，这种香味能刺激家畜的食欲，增加适口性，如果干草有霉味或焦灼的气味，说明其品质不佳（表7-2）。

表7-2 干草颜色感官判断标准

品种等级	颜色	养分保存	饲用价值	分析与说明
优　良	鲜绿	完　好	优	刈割适时，调制顺利，保存完好
良　好	淡绿	损失小	良	调制贮存基本合理，无雨淋、霉变
次　等	黄褐	损失严重	差	刈割晚、受雨淋、高温发酵
劣　等	暗褐	霉　变	不宜饲用	调制、贮存均不合理

2. 叶片含量

干草叶片的营养价值较高，所含的矿物质、蛋白质比茎秆中多1～1.5倍，胡萝卜素多10～15倍，纤维素少1～2倍，消化率高40%，因此，干草中的叶量多，品质就好。鉴定时取一束干草，看叶量的多少，禾本科牧草的叶片不易脱落，优质豆科牧草干草中叶量应占干草总重量的50%以上。

3. 牧草形态

适时刈割调制是影响干草品质的重要因素，初花期或以前刈割时，干草中含有花蕾，未结实花序的枝条也较多，叶量丰富，茎秆质地柔软，适口性好，品质佳。若刈割过迟，干草中叶量少，带有成熟或未成熟种子的枝条的数目多，茎秆坚硬，适口性、消化率都下降，品质变劣。

4. 牧草组分

干草中各种牧草的比例也是影响干草品质的重要因素，优质豆科或禾本科牧草占有的比例大时，品质较好，而杂草数目多时品质较差。

5. 含水量

干草的含水量应为15%～17%，含水量20%以上时，不利于贮藏。

6. 病虫害情况

由病虫侵害过的牧草调制成的干草，其营养价值较低，且不利于家畜健康。鉴定时抓一把干草，检查叶片、穗上是否有病斑出现，是否带有黑色粉末等，如果发现带有病症，则不能饲喂家畜。

三、草产品加工技术

（一）草捆

1. 打捆

打捆就是为便于运输和贮藏，把干燥到一定程度的散干草打成干草捆的过程。为了保证干草的质量，在压捆时必须掌握好其含水量。一般认为，比贮藏干草的含水量略高一些，就可压捆。在较潮湿地区适于打捆的牧草含水量为30%～35%；干旱地区为25%～30%。每个草捆的密度、重量由压捆时牧草的含水量来决定（表7－3）。根据打捆机的种类不同，打成的草捆分为小方草捆、大方草捆和圆柱形草捆3种。

表7－3　压捆时牧草的含水量与草捆密度、重量的关系

压捆时牧草含水量（%）	草捆密度（千克/立方米）	35厘米×45厘米×85厘米草捆重量（千克）
25	215	30
30	150	20
35	105	15

2. 二次打捆

二次打捆是在远距离运输草捆时，为了减少草捆体积，降低运输成本，把初次打成的小方草捆压实压紧的过程。大部分二次打捆机在完成压缩作业后，便直接给草捆打上纤维包装膜，至此一个完整的干草产品即制作完成，可直接贮存和销售了。

（二）草粉及其他草产品

畜牧业发达的国家草粉加工起步早、产量高，现已进入大规模工业化生产阶段；我国的草粉生产也已进入了规模化发展阶段，取得了很大的成绩。草粉拥有其他饲料无法取代的优点，在现代化畜牧生产中有着十分重要的意义。

目前，我国加工草粉多采用先调制青干草，再用青干草加工草粉的办法，而发达国家多用干燥粉碎联合机组，从青草收割、切短、烘干到粉碎成草粉一次完成。

草粉属季节性生产，而大量利用却是全年连续的，因而就需要贮存。草粉质量的好坏与贮存直接相关。贮存有两种方式：一是原品贮存，二是产品贮存。原品贮存指直接贮存草粉。产品贮存是将草粉加工成块状、颗粒状或配合饲料，因为加工成形过程可以添加一些稳定剂或保护剂，再经加压之后，可以减小养分散失。

牧草草块加工分为田间压块、固定压块和烘干压块 3 种类型。草块压制过程中可根据饲喂家畜的需要，加入尿素、矿物质及其他添加剂。

四、牧草青贮

青贮饲料是将青饲料填入密闭的青贮容器中通过厌氧发酵而调制成的一种具有特殊芳香气味、营养丰富的多汁饲料。它能保持青绿饲料的营养特性；消化性强，适口性好，扩大饲料资源，保证家畜一年均衡供应青绿多汁饲料；青贮饲料气味酸香，占用空间小，管理费用低，可长期保存，是发展畜牧业的优质基础饲料之一。

（一）青贮原理

青贮实际上是在厌氧条件下，利用植物体上附着的乳酸菌，将原料中的糖分分解为乳酸，在乳酸的作用下，抑制有害微生物的繁殖，使其达到安全贮藏的目的。所以说，青贮的基本原理是促进乳酸菌活动而抑制其他微生物活动的发酵过程。

1. 好气性菌活动阶段

新鲜青贮原料在青贮容器中压实密封后，植物细胞并未立即死亡，在 1 ~ 3 天仍进行呼吸作用，分解有机物质，直至青贮饲料内氧气消耗尽，呈厌氧状态时才停止呼吸。

在青贮开始时，附着在原料上的酵母菌、腐败菌、霉菌和醋酸菌等好气性微生物，利用植物细胞因受机械压榨而排出的富含可溶性碳水化合物的液汁，迅速进行繁殖。腐败菌、霉菌等繁殖最为强烈，它使青贮料中蛋白质等营养物质破坏，形成大量吲哚和气体以及少量醋酸等。好气性微生物活动结果以及植物细胞的呼吸，使得青贮原料间存在的少量氧气很快殆尽，形成厌氧环境。另外，植物细胞呼吸作用、酶氧化作用及微生物的活动还放出热量。厌氧和温暖的环境为乳酸菌发酵创造了条件。

如果青贮原料中氧气过多，植物呼吸时间过长，好气性微生物活动旺盛，会使原料内温度升高，有时高达 60℃ 左右，因而削弱乳酸菌与其他微生物竞争能力，使青贮饲料营养成分损失过多，青贮饲料品质下降。因此，青贮技术关键是尽可能缩短第一阶段时间，通过及时青贮和切短压紧密封好来减少呼吸作用和好气性有害微生物繁殖，以减少养分损失，提高青贮饲料质量。

2. 乳酸菌发酵阶段

厌氧条件及青贮原料中的其他条件形成后，乳酸菌迅速繁殖，形成大量乳酸。酸度增大，pH 值下降，促使腐败菌、酪酸菌等活动受抑停止，甚至绝迹。当 pH 值下降到 4. 2 以下时，各种有害微生物都不能生存，就连乳酸链球菌的活动也受到抑制，只有乳酸杆菌存在。当 pH 值为 3 时，乳酸杆菌也停止活动，乳酸发酵即基本结束。

3. 稳定阶段

在此阶段青贮饲料内各种微生物停止活动，营养物质不会再损失。在一般情况下，糖分含量较高的玉米、高粱等青贮后20～30天就可以进入稳定阶段，豆科牧草需3个月以上，若密封条件良好，青贮饲料可长久保存下去。

在制作青贮饲料时，要使乳酸菌快速生长和繁殖，必须为其创造良好的条件。有利于乳酸菌生长繁殖的条件是：青贮原料应具有一定的含糖量、适宜的含水量以及厌氧环境。

（二）青贮设备

青贮容器的种类很多，但常用的有青贮窖和青贮塔。这些设备都应有它的基本要求，才能保证良好的青贮效果。青贮的场址应选择土质坚硬、地势高燥、地下水位低、靠近畜舍、远离水源和粪坑的地方。其次，青贮设备要坚固牢实，不透气，不漏水。

1. 青贮塔

是地上的圆筒形建筑，一般用砖和混凝土修建而成，长久耐用，青贮效果好，便于机械化装料与卸料。青贮塔的高度应不小于其直径的2倍，不大于直径的3.5倍，一般塔高12～14米，直径3.5～6.0米。在塔身一侧每隔2米高开一个0.6米×0.6米的窗口，装时关闭，取用时敞开。

近年来，国外采用气密（限氧）的青贮塔，由镀锌钢板乃至钢筋混凝土构成，内边有玻璃层，密封性能好。提取青贮饲料可以从塔顶或塔底用旋转机械进行。可用于制作低水分青贮、湿玉米青贮或一般青贮，青贮饲料品质优良，但成本较高，只能依赖机械装填。

2. 青贮窖

青贮窖有地上式、地下式及半地下式3种。地下式青贮窖适于地下水位较低、土质较好的地区，地上式或半地下式青贮窖适于地下水位较高或土质较差的地区。青贮以圆形或长方形为好。

有条件的可建成永久性窖，窖四周用砖石砌成，三合土或水泥抹面，坚固耐用，内壁光滑，不透气，不漏水。圆形窖做成上大下小，便于压紧，长形青贮窖窖底应有一定坡度，以利于取用完的部分雨水流出。青贮窖容积，一般圆形窖直径2米，深3米，直径与窖深之比以1：（1.5～2.0）为宜。长方形窖的宽深之比为1：（1.5～2.0），长度根据家畜头数和饲料多少而定。

3. 圆筒塑料袋

选用厚实的塑料膜做成圆筒形，可以作为青贮容器进行少量青贮。为防穿孔，宜选用较厚结实的塑料袋，可用2层。袋的大小，如不移动可做得大些，如要移动，以装满青贮料后2人能抬动为宜。塑料袋可用土埋住或放在畜舍内，要注意防鼠防冻。美国玉米生产带利用玉米穗轴破碎后填入塑料袋中，饲喂肉牛。或用一种塑料拉伸膜，这种青贮装置是将青草用机器卷压成圆捆，然后用专门裹包机拉伸膜包被在草捆上进行青贮。

各种青贮原料的单位容积重量，因原料的种类、含水量、切碎和踩实程度不同而不同。一般来说，叶菜类、紫云英、甘薯块根为800千克/立方米，甘薯藤为700～750千克/立方米，牧草、野草为600千克/立方米，全株玉米600千克/立方米，青贮玉米秸450～500千克/立方米。

（三）常规青贮方法

饲料青贮是一项突击性工作，事先要把青贮窖、青贮切碎机或铡草机和运输车辆进行检修，并组织足够人力，以便在尽可能短的时间完成。青贮的操作要点，概括起来要做到“六随三要”，即随割、随运、随切、随装、随踩、随封，连续进行，一次完成；原料要切短、装填要踩实、窖顶要封严。

1. 原料的适时刈割

良质青贮原料是调制优良青贮料的物质基础。适期刈割，不但可以在单位面积上获得最大营养物质产量，而且水分和可溶性碳水化合物含量适当，有利于乳酸发酵，易于制成优质青贮料。

一般刈割宁早勿迟，随收随贮。

整株玉米青贮应在蜡熟期，检查方法是：在果穗中部剥下几粒，然后纵向切开或切下尖部寻找靠近尖部的黑层，如果黑层存在，就可刈割作整株玉米青贮。

收果穗后的玉米秸青贮，宜在玉米果穗成熟、玉米茎叶仅有下部1~2片叶枯黄时，立即收割玉米秸青贮；或玉米成熟时削尖后青贮，但削尖时果穗上部要保留一张叶片。

一般来说，豆科牧草宜在现蕾期至开花初期进行刈割，禾本科牧草在孕穗至抽穗期刈割，甘薯藤、马铃薯茎叶在收薯前1~2天或霜前刈割。原料刈割后应立即运至青贮地点切短青贮。

2. 切短

少量青贮原料的切短可用人工铡草机，大规模青贮可用青贮切碎机。大型青贮料切碎机每1小时可切5~6吨，最高可切割8~12吨。小型切草机每1小时可切250~800千克。若条件具备，使用青贮玉米联合收获机，在田内通过机器一次完成割、切作业，然后送回装入青贮窖内，功效大大提高。

3. 调节水分

适时收割时其原料含水量通常为75%~80%或更高。要调制出优质青贮饲料，必须调节含水量。尤其对于含水量过高或过低的青贮原料，青贮时均应进行处理。水分过多的饲料，青贮前应晾晒凋萎，使其水分含量达到要求后再行青贮；有些情况下如雨水多的地区通过晾晒无法达到合适水分含量，可以采用混合青贮的方法，以期达到适宜的水分含量。

4. 装填压紧

装窖前，先将窖或塔打扫干净，窖底部可填一层10~15厘米厚的切短的干秸秆或软草，以便吸收青贮液汁。若为土窖或四壁密封不好，可铺塑料薄膜。装填青贮料时应逐层装入，每层装15~20厘米厚，立即踩实，然后再继续装填。装填时应特别注意四角与靠壁的地方，要达到弹力消失的程度，如此边装边踩实，一直装满并高出窖口70厘米左右。长方形窖或地面青贮时，可用拖拉机进行碾压，小型窖亦可用人力踏实。青贮料紧实程度是青贮成败的关键之一，青贮紧实度适当，发酵完成后饲料下沉不超过深度的10%。

5. 密封于管理

原料装填压实之后，应立即密封和覆盖。其目的是隔绝空气与原料接触，并防止雨水进入。青贮容器不同，其密封和覆盖方法也有所差异。以青贮窖为例，在原料的上面盖一层10~20厘米切短的秸秆或青干草，草上盖塑料薄膜，再压50厘米的土，窖顶呈馒头状以利于排水，窖四周挖排水沟。密封后，尚需经常检查，发现裂缝和空隙时用湿土抹好，以保证高度密封。

（四）低水分青贮

低水分青贮料制作的基本原理是：青饲料刈割后，经风干水分含量达45%~50%，植物细胞的渗透压达55×10^5~60×10^5帕。在这种情况下，腐败菌、酪酸菌以至乳酸菌的生命活动接近于生理干燥状态，生长繁殖受到限制。因此，在青贮过程中，青贮原料中糖分的多少，最终的pH值的高低已不起主要作用，微生物发酵微弱，有机酸形成数量少，碳水化合物保存良好，蛋白质不被分解。虽然霉菌在风干植物体上仍可大量繁殖，但在切短压实和青贮厌氧条件下，其活动也很快停止。

低水分青贮法近十几年来在国外盛行，我国也开始在生产上采用。它具有干草和青贮料两者的优点。调制干草常因脱叶、氧化、日晒等使养分损失15%~30%，胡萝卜素损失90%；而低水分青贮料只损失养分10%~15%。低水分青贮料含水量低，干物质含量比一般青贮料多一倍，具有较多的营养物质；低水分青贮饲料味微酸性，有果香味，不含酪酸，适口性好，pH值达4.8~5.2，有机酸含量约5.5%；优良低水分青贮料呈湿润状态，深绿色，结构完好。任何一种牧草或饲料作物，不论其含糖量多少，均可低水分青贮，难以青贮的豆科牧草如苜蓿、豌豆等尤其适合调制成低水分青贮料，从而为扩大豆科牧草或作物的加工调制范围开辟了新途径。

根据低水分青贮的基本原理和特点，制作时青贮原料应迅速风干，要求在刈割后 24～30 小时内，豆科牧草含水量应达 50%，禾本科达 45%。原料必须短于一般青贮，装填必须更紧实，才能造成厌氧环境以提高青贮品质。

（五）其他特种青贮法

1. 加酸

难贮的原料加酸之后，很快使 pH 值降至 4.2 以下，抑制了腐败菌和霉菌的活动，达到长期保存的目的。加酸青贮常用无机酸和有机酸。

2. 添加尿素青贮

青贮原料中添加尿素，通过青贮微生物的作用，形成菌体蛋白，以提高青贮饲料中的蛋白质含量。尿素的添加量为原料重量的 0.5%，青贮后每千克青贮饲料中增加消化蛋白质 8～11 克。

3. 添加甲醛青贮

甲醛能抑制青贮过程中各种微生物的活动。40% 的甲醛水溶液俗称福尔马林，常用于消毒和防腐。在青贮饲料中添加 0.15%～0.30% 的福尔马林，能有效抑制细菌，使发酵过程中没有腐败菌活动，但甲醛异味大，影响适口性。

4. 添加乳酸菌青贮

加乳酸菌培养物制成的发酵剂或由乳酸菌和酵母培养制成的混合发酵剂青贮，可以促进青贮料中乳酸菌的繁殖，抑制其他有害微生物的作用，这是人工扩大青贮原料中乳酸菌群体的方法。值得注意的是菌种应选择那些盛产乳酸而不产生乙酸和乙醇的同质型乳酸杆菌和球菌。一般每吨青贮料中加乳酸菌培养物 0.5L 或乳酸菌制剂 450 克，每克青贮原料中加乳酸杆菌 10 万个左右。

5. 添加酶制剂青贮

在青贮原料中添加以淀粉酶、糊精酶、纤维素酶、半纤维素酶等为主的酶制剂，可使青贮料中部分多糖水解成单糖，有利于乳酸发酵。酶制剂由胜曲霉、黑曲霉、米曲霉等培养物浓缩而成，按青贮原料质量的0.01%～0.25%添加，不仅能保持青饲料特性，而且可以减少养分的损失，提高青贮料的营养价值。豆科牧草苜蓿、红三叶添加0.25%黑曲霉制剂青贮，与普通青贮料相比，纤维素减少10.0%～14.4%，半纤维素减少22.8%～44.0%，果胶减少29.1%～36.4%。如酶制剂添加量增加到0.5%，则含糖量可提高达2.48%，蛋白质提高26.7%～29.2%。

6. 湿谷物的青贮

用作饲料的谷物如玉米、高粱、大麦、燕麦等，收获后带湿贮存在密封的青贮塔或水泥窖内，经过轻度发酵产生一定量的（0.2%～0.9%）有机酸（主要是乳酸和醋酸），以抑制霉菌和细菌的繁殖，使谷物得以保存。用此法贮存谷物，青贮塔或窖一定要密封不透气，谷物最好压扁或轧碎，可以更好地排出空气，降低养分损失，并利于饲喂。整个青贮过程要求从收获至贮存1天内完成，迅速造成窖内的厌氧条件，限制呼吸作用和好气性微生物繁殖。青贮谷物的养分损失，在良好条件下为2%～4%，一般条件下可达55%～10%。用湿贮谷物喂乳牛、肉牛、猪，增重和饲料报酬按干物质计算，基本和干贮玉米相近。

（六）青贮饲料的品质鉴定

青贮饲料的品质好坏与青贮原料种类、刈割时期以及调制方法是否正确密切相关。用优良的青贮饲料饲喂畜禽，可以获得良好的饲养效果。青贮料在取用之前，需先进行感官鉴定，必要时再进行化学分析鉴定，以保证使用品质良好的青贮饲料饲喂家畜。

1. 感官评定

开启青贮容器时，从青贮饲料的色泽、气味和质地等进行感官评定。

（1）色泽　优质的青贮饲料非常接近于作物原先的颜色。若青贮前作物为绿色，青贮后仍为绿色或黄绿色最佳。青贮器内原料发酵的温度是影响青贮饲料色泽的主要因素，温度越低，青贮饲料就越接近于原先的颜色。对于禾本科牧草，温度高于30℃，颜色变成深黄；当温度为45～60℃，颜色近于棕色；超过60℃，由于糖分焦化近乎黑色。一般来说，品质优良的青贮饲料颜色呈黄绿色或青绿色，中等的为黄褐色或暗绿色，劣等的为褐色或黑色。

（2）气味　品质优良的青贮料具有轻微的酸味和水果香味。若有刺鼻的酸味，则醋酸较多，品质较次。腐烂腐败并有臭味的则为劣等，不宜喂家畜。总之，芳香而喜闻者为上等，而刺鼻者为中等，臭而难闻者为劣等。

（3）质地　植物的茎叶等结构应当能清晰辨认，结构破坏及呈黏滑状态是青贮腐败的标志，黏度越大，表示腐败程度越高。优良的青贮饲料，在窖内压得非常紧实，但拿起时松散柔软，略湿润，不黏手，茎叶花保持原状，容易分离。中等青贮饲料茎叶部分保持原状，柔软，水分稍多。劣等的结成一团，腐烂发黏，分不清原有结构。

2. 化学分析鉴定

用化学分析测定包括pH值、氨态氮和有机酸（乙酸、丙酸、丁酸、乳酸的总量和组成比例）可以判断发酵情况。

（1）pH值（酸碱度）　pH值是衡量青贮饲料品质好坏的重要指标之一。实验室测定pH值，可用精密雷磁酸度计测定，生产现场可用精密石蕊试纸测定。优良青贮饲料pH值在4.2以下，劣质青贮饲料pH值为5.5～6.0，中等青贮饲料的pH值介于优良与劣等之间。

（2）氨态氮　氨态氮与总氮的比值反映了青贮饲料中蛋白质及氨基酸分解的程度，比值越大，说明蛋白质分解越多，青贮质量不佳。

（3）有机酸含量　有机酸总量及其构成可以反映青贮发酵过程的好坏，其中最重要的是乳酸、乙酸和丁酸，乳酸所占比例越大越好。优良的青贮饲料，含有较多的乳酸和少量醋酸，而不含酪酸。品质差的青贮饲料，含酪酸多而乳酸少。

参考文献

［1］张英俊．草地建植与管理利用．北京：中国农业出版社，2010

［2］李海英．牧草栽培与加工贮藏．杨凌：西北农林科技大学出版社，2011

［3］马春晖．牧草工．北京：中国劳动社会保障出版社，2009

［4］苏加楷．优良牧草及栽培技术．北京：金盾出版社，2009

［5］向金城．牧草与草种生产加工技术．兰州：甘肃科学技术出版社，2009

［6］常根柱，时永杰．优质牧草高产栽培及加工利用技术．北京：中国农业科学技术出版社，2009

［7］伏桂华．优质牧草生产与加工．北京：中国农业科学技术出版社，2007

［8］王柱．牧草饲料加工与贮藏．北京：中国农业大学出版社，2010

［9］徐安凯．优质牧草与饲料作物栽培技术．长春：吉林科学技术出版社，2010

［10］林大木．优质牧草栽培及加工技术．长沙：湖南科学技术出版社，2002

［11］刘爱萍等．牧草病害防治技术问答．北京：气象术出版社，2008